2011—2012

# 空间科学

# 学科发展报告

REPORT ON ADVANCES IN SPACE SCIENCE

中国科学技术协会　主编
中国空间科学学会　编著

中国科学技术出版社
·北京·

**图书在版编目(CIP)数据**

2011—2012空间科学学科发展报告/中国科学技术协会主编；中国空间科学学会编著. —北京：中国科学技术出版社，2012.4
（中国科协学科发展研究系列报告）
ISBN 978-7-5046-6026-8

Ⅰ.①2… Ⅱ.①中… ②中… Ⅲ.①空间科学-学科发展-研究报告-中国-2011—2012 Ⅳ.①V1-12

中国版本图书馆CIP数据核字(2012)第042208号

**选题策划** 许 英
**责任编辑** 李惠兴
**封面设计** 中文天地
**责任校对** 凌红霞
**责任印制** 王 沛

**出　　版** 中国科学技术出版社
**发　　行** 科学普及出版社发行部
**地　　址** 北京市海淀区中关村南大街16号
**邮　　编** 100081
**发行电话** 010-62173865
**传　　真** 010-62179148
**网　　址** http://www.cspbooks.com.cn

**开　　本** 787mm×1092mm 1/16
**字　　数** 300千字
**印　　张** 11
**印　　数** 1—2500册
**版　　次** 2012年4月第1版
**印　　次** 2012年4月第1次印刷
**印　　刷** 北京凯鑫彩色印刷有限公司

**书　　号** ISBN 978-7-5046-6026-8/V·61
**定　　价** 33.00元

# 2011—2012
# 空间科学学科发展报告
## REPORT ON ADVANCES IN SPACE SCIENCE


**首席科学家** 欧阳自远

**专 家 组**

组　长　顾逸东

副组长　吴　季

成　员　（按姓氏笔画排序）

丁　柏　马宇倩　王　赤　卢方军　庄逢源
刘志恒　刘建忠　刘秋生　孙丽琳　杨一德
李莹辉　李惕碚　李喜先　邱　理　陈善广
黄显林　谢　锋

**学术秘书** 王占群

# 序

科学技术作为人类智慧的结晶，不仅推动经济社会发展，而且不断丰富和发展科学文化，形成了以科学精神为精髓的人类社会的共同信念、价值标准和行为规范。学科的构建、调整和发展，也与其内在的学科文化的形成、整合、体制化过程密切相关。优秀的学科文化是学科成熟的标志，影响着学科发展的趋势和学科前沿的演进，是学科核心竞争力的重要内容。中国科协自 2006 年以来，坚持持续推进学科建设，力求在总结学科发展成果、研究学科发展规律、预测学科发展趋势的基础上，探究学科发展的文化特征，以此强化推动新兴学科萌芽、促进优势学科发展的内在动力，推进学科交叉、融合与渗透，培育学科新的生长点，提升原始创新能力。

截至 2010 年，有 87 个全国学会参与了学科发展系列研究，编写出版了学科发展系列报告 131 卷，并且每年定期发布。各相关学科的研究成果、趋势分析及其中蕴涵的鲜明学术风格、学科文化，越来越显现出重要的社会影响力和学术价值，受到科技界、学术团体和政府部门的高度重视以及国外主要学术机构和团体的关注，并成为科技政策和规划制定学术研究课题立项、技术创新与应用以及跨学科研究的重要参考资料和国内外知名图书馆的馆藏资料。

2011 年，中国科协继续组织中国空间科学学会等 23 个全国学会分别对空间科学、地理学(人文-经济地理学)、昆虫学、生态学、环境科学技术、资源科学、仪器科学与技术、标准化科学技术、计算机科学与技术、测绘科学与技术、有色金属冶金工程技术、材料腐蚀、水产学、园艺学、作物学、中医药学、生物医学工程、针灸学、公共卫生与预防医学、技术经济学、图书馆学、色彩学、国土经济学等学科进行学科发展研究，完成 23 卷学科发展系列报告以及 1 卷学科发展综合报告，共计近 800 万字。

参与本次研究发布的，既有历史长久的基础学科，也有新兴的交叉学科和紧密结合经济社会建设的应用技术学科。学科发展系列报告的内容既有学术理论探索创新的最新总结，也有产学研结合的突出成果；既有基础领域的研究进展，也有应用领域的开发进展，内容丰富，分析透彻，研究深入，成果显著。

参与本次学科发展研究和报告编写的诸多专家学者，在完成繁重的科研项目、教学任务的同时，投入大量精力，汇集资料，潜心研究，群策群力，精雕细琢，体现出高度的使命感、责任感和无私奉献的精神。在本次学科发展报告付梓之际，我衷心地感谢所有为学科发展研究和报告编写奉献智慧的专家学者及工作人员，正是你们辛勤的工作才有呈现给读者的丰硕研究成果。同时我也期待，随着时间的久远，这些研究成果愈来愈能够显露出时代的价值，成为我国科技发展和学科建设中的重要参考依据。

2012年3月

# 前　言

2011年4月，中国空间科学学会承担了《空间科学学科发展报告》的研究工作。5月初，学会就组织了参加本报告研究的人员会议，讨论开展研究的目的、进度等，并布置各专业委员会组织专家进行相应的研究工作。会后，颁发了《编写大纲》(草稿)。按大纲要求，明确各专题研究报告应完成的任务，并与综合发展报告涉及的内容一致。

12月14日，召开了专家会议，对《空间科学学科发展报告》(初稿)进行了讨论。接着，根据意见进行了多次修改。

由于空间科学发展与国家航天技术的发展计划关系极其密切，涉及的研究计划时间尺度长、范围宽，在短期内，如一、二年，只能是与长期计划相关的一个阶段的研究成果。因此，本发展报告前后联系很密切。

本报告包括综合报告和专题报告两部分。综合报告分为4大部分:其一，引言，即综合报告的高度概括；其二，我国空间科学最新进展；其三，国际空间科学态势；其四，我国未来几年空间科学的发展趋势。详细论述的专题报告共有7个:空间天文学进展，空间物理学进展，月球科学与比较行星学进展，空间生命科学进展，航天医学进展，微重力科学进展，空间遥感研究进展。最后，并附有空间科学战略性先导科技专项进展。

为了更好地发展我国空间科学，也论及了国际空间科学态势。实际上，这就是与我国空间科学状况进行比较，从中得到启迪，为我所用。

本研究得到了中国科学院国家天文台、高能物理所、物理所、动物所、空间科学与应用中心、中国航天员训练中心等单位的大力支持，特别是有许多专家参加了本报告的研究，特一并致谢。

中国空间科学学会

2012年1月

# 目　录



## 综合报告



## 专题报告



## ABSTRACTS IN ENGLISH

### Comprehensive Report



### Reports on Special Topics

# 综合报告

# 空间科学新进展和发展趋势

## 一、引 言

人类的空间活动日益频繁，国际空间科学有了重大发展：现代的空间天文观测革新了人类对宇宙的认识，使宇宙学研究进入了精确科学的时代；目前，人类已有能力将太阳系作为一个有机整体，进行多个卫星联合探测；月球和行星探测都有新进展，相继发现了太阳系木星、土星、火星等天体存在的新现象；微重力科学正在利用国际空间站（ISS）进行多类科学研究。

近年，我国空间科学也有了重大进展：空间天文学新开展了多项有重大意义的研究；空间物理学取得了重大成就，特别是，地球空间探测双星的科学成果获得了国家、国际成就奖，在理论上已进入国际空间物理研究前沿；月球科学有了新进展，“嫦娥一号”、“嫦娥二号”卫星的探测获得重大的科学成就，探月工程正进入“落”的阶段；我国空间生命科学有了新的进展。

今后几年，空间天文学重点在于加强高能天文学的发展；空间物理学主要要加强日地物理学研究，以适应国家的战略需求，提高航天活动安全保障能力；月球和行星科学的发展，重点在月球科学，因而要加紧实施探月二期、三期工程和载人登月的论证；在载人空间站进入初期阶段，要将航天医学空间实验和地基研究更好地结合起来。

## 二、我国空间科学最新进展

### （一）我国空间天文学最新进展

我国空间天文学发展的重点在高能天文学，而高能天文观测总是与大科学装置的发展紧密相连。目前，新开展了 4 项具有重大意义的空间天文学研究，包括正在研制先进的观测装置。

1. 宽波段 X 射线扫描巡天

为增强高能天文学研究，我国正在研制硬 X 射线调制望远镜（HXMT），其中包括软 X 射线望远镜、中能 X 射线望远镜和高能 X 射线望远镜。预计 2014 年左右发射，预期寿命 4 年。

HXMT 的核心科学目标：①实现宽波段 X 射线扫描巡天，探测超大质量黑洞和未知类型天体，研究宇宙 X 射线背景和 AGN 的统计性质；②定点观测，研究致密天体和黑洞强引力场中动力学效应和高能辐射过程。

2. 捕捉更高红移的伽玛暴

中法合作正在研制的空间变源监视器卫星（SVOM），计划在 2014 年前后发射。

SVOM 和正在运行的美国多波段伽玛暴高能天文卫星雨燕(SWIFT)相比,触发能量阈值更低,因而具有捕捉到更高红移(产生时间更早和距离我们更远)的伽玛暴的能力。SVOM 的伽玛射线监视器对伽玛暴具有更好的能谱测量能力,因此能够更好地利用伽玛暴作为最遥远宇宙的探针,研究宇宙的演化以及暗能量。光学望远镜对于伽玛暴余晖的测量,对于研究各种类型伽玛暴的本质并发现新类型的伽玛暴具有重要意义。

3. 开启伽玛暴偏振测量新窗口

伽玛射线偏振探测仪(POLAR),计划搭载于"天宫 2 号",在 2014 年发射。目前,国际上还没有专用的空间伽玛偏振测量仪器,而伽玛暴的偏振被认为是伽玛暴的最后一个观测量。因此,POLAR 实验将开启一个空间天文学研究的新窗口,预期可对理解伽玛暴的中心发动机机制和极端相对论喷流的性质。

4. 探测暗物质粒子

2011 年 3 月,暗物质粒子探测卫星进入研制阶段,计划于 2015 年左右发射,预期寿命超过 3 年。通过高分辨观测高能电子和伽玛射线能谱及其空间分布,寻找暗物质粒子;通过测量 TeV 以上的高能电子能谱,研究宇宙线起源;通过测量宇宙线重离子能谱,研究宇宙线传播和加速机制。卫星观测能段、能量分辨等优于国际上所有同类探测器。可望在暗物质探测和宇宙线物理这两大科学难题上取得突破,从而更好地研究宇宙射线起源以及伽玛射线天文学。

### (二)我国空间物理学最新进展

我国空间物理学有了重大的发展,包括实现了的一系列探测计划,即将实施的大型计划:获得大量成果而有国际影响的双星计划,正在进行的"夸父"计划,预设的磁层、电离层、热层(MIT)耦合星座探测计划,以及进入运行的地基探测系统——子午工程。在理论上,也有了新的进展。

1. 双星计划的进展

双星包括近地赤道区卫星(TC—1)和极区卫星(TC—2),目前运行在国际上地球空间探测卫星尚未覆盖的近地磁层活动区。

这两颗卫星相互配合,并与欧空局(ESA)的"星簇计划(Cluster)"相配合,构成了对地球空间的"六点"探测,研究地球磁层整体变化规律和爆发事件的机理,并获得了突破性的理论成果。

1) 共获得 480GB 数据。数据库的用户网页(http://www.cddc-dsp.ac.cn/)日均访问量超过 1700 次。

2)在两个顶级国际核心期刊 *Annales Geophysicae* 和 *J. Geophysical Research* 上各出版成果专刊一期。

3)双星计划获得 2010 年度国家科学技术进步奖一等奖。

4)双星计划和星簇计划团队共同获得国际宇航科学院"2010 年度杰出团队成就奖"。这是国际航天领域极高的荣誉,也是中国第一次获此殊荣,因而产生了较大的国际影响。

#### 2. 正在实施的“夸父”计划

“夸父”计划的科学目标是要实现全面探测太阳风暴和极光。为此，要建立一个由3颗卫星组成的空间观测系统：一颗星位于地球与太阳连线引力平衡处第一拉格朗日点上，另外两星在地球极轨上共轭飞行。这3颗星的运行轨道将能实现从太阳大气到近地空间完整的扰动因果链联测。这一计划已列入中国科学院战略性先导科技专项。

#### 3. MIT 耦合星座探测计划

磁层、电离层、热层（MIT）耦合星座探测是利用小卫星星座系统进行探测的计划，也是国际上首个把MIT作为一个整体探测的计划，从而具有开创性和挑战性：解决MIT耦合系统中能量耦合、电动力学和动力学耦合以及质量耦合等方面的重大科学问题，揭示MIT系统相互作用的关键途径和变化规律。

#### 4. 进入运行的地基探测系统——子午工程

地基探测系统是空间科学研究的组成部分。经3年多的建设，子午工程——东半球空间环境地基综合监测子午链，2011年已开始运行。这是国家重大科学工程系统：沿东半球120°E子午线附近形成的链，共有15个观测台站。它以链为主、链网结合；运用无线电、地磁、光学和探空火箭等多种探测手段；可以连续地监测地球表面20～30km以上到几百千米的中高层大气、电离层和磁层，直到十几个地球半径以外的行星际空间环境中的地磁场、电场，中高层大气中的风场、密度、温度和成分，以及电离层、磁层和行星际空间中的有关参数。这是联合运作的大型空间环境地基监测系统，具有全球性、地域性和先进性，是世界上跨度最长、功能最全、综合性最高的子午链，为世界仅有，可进行其他国家和地区难于开展的国际最前沿课题研究。

#### 5. 空间物理学在理论上的重大进展

在理论上，我国空间物理学有了重大的进展。这包括一系列重大领域的研究：①太阳大气磁天气过程；②太阳风的起源及其加热和加速；③行星际扰动传播；④磁暴和亚暴的产生机制；⑤磁重联过程；⑥太阳风与磁层的相互作用；⑦中高层大气动力学过程；⑧电离层的建模以及区域异常；⑨地磁、电离层天气预报方法和极区光学；⑩空间等离子体基本过程（如磁重联、等离子体波的激发、粒子加速等）等。这些研究都产生了一批有国际重要影响的工作，进入国际研究前沿，为空间物理学迎来一个“黄金发展期”。

### (三)我国月球科学和比较行星学最新进展

月球科学与比较行星学的发展既依赖于陨石学研究，又依赖于空间探测。

#### 1. 陨石学的新进展

陨石来自地球之外太阳系内行星和小行星的岩石或物质，记录了太阳系形成和行星演化的重要信息，是探索太阳系起源的重要窗口。

(1)南极陨石收集与分类

南极格罗夫山是我国发现的一个南极陨石富集区，科研人员先后在该地区收集了1万多块陨石。2009、2010年两年，格罗夫山综合考察中再次收集陨石1618块。

(2)特殊类型陨石的发现

2011 年,我国在陨石研究中发现一些特殊类型陨石:E/H 过渡型陨石、冲击熔融型普通球粒陨石、原始的普通球粒陨石、火星陨石、月球陨石、灶神星陨石。

(3)冲击变质作用研究

冲击变质效应是陨石的一个基本特征,我国在这个领域开展了较多的研究:①冲击变质程度;②冲击熔融和分离结晶理论;③高压相变;④冲击变质历史;⑤陨石磁化率。

## 2. 月球科学的新进展

我国主要通过月球探测工程,进行月球科学研究。月球探测工程分三个阶段实施,即绕、落、回三个阶段。

(1)探月的工程目标

目前,工程正进入“落”的阶段,主要目标是实现月球表面软着陆与月球巡视探测,进行月表形貌与地质构造调查、月表物质成分和资源勘察、月球内部结构研究和日—地—月空间环境探测与月基天文观测。

探月工程二期将实现我国首次地外天体的软着陆,使我国掌握深空探测和空间科学领域的核心技术。

(2)探月的科学目标

探月的科学目标如下:①月表形貌与地质构造调查,包括着陆区和巡视区的形貌探测,撞击坑的调查与研究,月壤特性、厚度与月壳浅层结构探测,月球地质构造综合研究等四个方面;②月表物质成分和可利用资源调查,获取月球的化学成分、矿物组成、岩石类型及其分布规律,对着陆区和巡视区矿物组成与化学成分的就位分析,矿产与能源资源的调查与评估等;③月球内部结构研究,通过探测月震和小天体撞击引起的月震波反演月球的内部结构,通过精确测量月球轨道参数研究月球动力学、引力理论和月球内部结构;④日—地—月空间环境探测,开展月表太阳风、太阳耀斑和银河宇宙线高能粒子与低能离子月表粒子环境探测,开展对地球空间等离子体层极紫外成像探测;⑤月基光学天文观测,在月球上进行光学天文观测,填补国内外天文学研究领域空白。

(3)探月的科学成就

开展了嫦娥工程科学数据反演和应用等的研究工作,主要包括:全月球数字地形图的研制及其相关技术的攻关;月球表面 γ 射线、X 射线谱仪数据处理技术的研究以及月球表面 U/Th/K 以及 Mg/Al 等元素的含量与分布特征;干涉成像光谱仪数据的预处理技术与元素和矿物反演的研究;微波探测仪数据的处理与微波月球的研究;空间环境探测数据的处理与研究;月球地体构造与月球整体演化的研究;月球软着陆点候选区的优选研究等。

“嫦娥一号”的科学探测数据已经陆续发布,提供给了国内外的科学家,努力用我国自己的第一手探测数据研究出一流的科学成果。最近,“嫦娥二号”卫星获得了巨大科学成就。

## 3. 原计划的中俄合作火星探测失败

火星是位于地球轨道外侧的第一颗行星,通过探索火星,人类希望建立第二家园和寻找地球外生命。

原计划中俄联合火星探测：其中，俄方研制福布斯探测器（Phobos），在火卫一上着陆、采集土壤并运输返回至地球；同时，利用火卫一为平台，探测火星的空间环境。中方研制“萤火一号”（YH—1）火星探测器，采用长方体结构，重量约为115kg，环绕火星的大椭圆轨道上，轨道周期为72.84小时。预计，在2011年11月，俄方采用一箭双星的发射模式，将两个探测器发送至火星轨道开展联合探测。经过10～11个月的地球—火星的轨道转移飞行，在轨运行寿命1年。

YH—1以火星空间环境探测为切入点，研究火星空间环境的结构及其随太阳风扰动的变化规律；研究火星大气中水分子损失的机制，估算火星在过去几十亿年的演化过程中，生命可居住性的变化特点。研究火星的磁场、大气和气候、空间环境、地貌等内容，并掌握其规律，是实现这一目标的重要途径之一。

YH—1是我国第一个飞向地外行星际的飞行器，将首次获得行星际探测数据，这对我国空间科学的发展，以及未来自主地探测太阳系，都具有重要的意义。其意义包括：①探测火星的空间磁场、电离层和粒子分布及其变化规律；②探测火星大气离子逃逸率；③探测火星地形、地貌、气候变化与沙尘暴；④探测火星赤道附近的重力场。

2011年11月9日，搭载中国首个火星探测器“萤火一号”的俄“福布斯—土壤”探测器从哈萨克斯坦境内的拜科努尔发射场升空。在同运载火箭分离后，该探测器因其主发动机未能启动而无法实现变轨，至今仍滞留在近地轨道。目前，俄方航天专家已经放弃了接收该探测器遥感信号的努力，俄国防部最新观测结果表明，这颗总重达13.5t、造价约50亿卢布（约合1.6亿美元）的航天器将于2012年1月至2月间坠落至地球。

4. 探月的遥感技术

我国正在研制的月球车载红外光谱仪在可见近红外、短波红外谱段通过对软着陆区和巡视区的月壤、月岩、矿物及有用资源进行高分辨率成像光谱就位探测，获取月壤微粒形态特征、岩石纹理、矿物形状等形态学信息，同时获取月壤、岩石、矿物的成分和含量等与物性相关的光谱信息，确定主要矿物组成和岩石类型，为月球表面的岩石和矿物识别提供科学依据，并对14种有用资源（钛、铁、钍、铀、钾、氧、硅、镁、铝、钙、钠、锰、铬、稀土元素）利用前景进行评估。

## （四）我国空间生命科学最新进展

空间科学已经成为世界多国面对的重大基础科学之一，其中以生命起源和地外生命寻找为主要目标的空间生命科学探索，不仅是当今的科学目标也是未来的发展憧憬。

2009年，我国空间生命科学在《中国至2050年空间科技发展线路图》和《中国科学院在国家空间科学发展中的中长期发展规划》指引下，由原先注重卫星应用的“空间诱变育种”搭载试验研究，开始转向以空间基础生物学为主的地外生命科学探索。2011年7月国家空间科学中心成立，它将根据国家需求，不断提出发展我国空间生命科学的战略思路、制定可持续发展的空间生命科学先导项目，为人类航天事业发展做出应有的贡献。

2010年4月，我国科学家围绕地球生命起源与极端环境生物学、太阳系行星探索与保护、空间辐射生物学、载人航天遭遇的环境应激与对策、载人航天深空探测生命保障系统等问题进行了研讨，进而提出我国空间生命科学发展的战略思想：

1. 空间基础生物学

空间基础生物学主要包括空间生物学效应、航天医学和生理学、地基或地外星球的受控生态生命支持系统与生物安全监控，研究火星“地球化”途径。

2. 生命的起源和演化

在这方面主要探索地球极端环境中的生命现象与形式、地基模拟极端环境中生物大分子的生成及生命形式、地基研究生物细胞的构建、分化与发育构成、生物对地外环境的适应性。

3. 空间生命科学前瞻技术预研与基础能力建设

这方面的工作主要包括构建我国空间站和登月、探测火星活动的生命安全保障系统的概念并开展研究，搭建生物力学工程与技术平台。

4. 开展国际合作和利用我国的空间计划

这是长远的计划，主要探索和发现太阳系外恒星和探索地外可能存在生命的类地行星。

## （五）我国航天医学最新进展

载人航天对航天医学的发展具有巨大的推动作用。近年来，我国载人航天取得了跨越式的发展，“神五”、“神六”、“神七”飞船先后 3 次完成载人飞行并实现出舱活动。

2010 年 9 月，我国进入载人空间站工程。伴随载人航天的快速发展，我国航天医学也不断深入和推进，新的研究重点开始关注天地基实验间的差异和联系，特别是注重利用对空间飞行样本进行分析所获得的数据，系统地阐明空间环境对人体影响的效应及机理。

1. 参与“ 火星 500(Mars500)”全程模拟实验

2010 年 6 月，由俄罗斯生物医学问题研究所(IBMP)牵头，组织了实施火星 500 天实验，即对整个火星任务周期全程进行模拟。6 名志愿者全封闭时间达 520 天。该计划包括俄、美、中、德、法、意、日、韩等 40 多个国家参加，研究项目多达 100 余项。

中国航天员科研训练中心航天医学基础与应用国家重点实验室志愿者王跃参与实验，其中承担乘组中载荷专家角色，在舱内除按计划完成试验工作外还负责中方参试项目的数据采集、传输、设备维护等。同时，还有 3 项科学研究参加了 Mars500 实验：长期密闭环境人体中医辨证研究；地面模拟环境对近日生物节律与氧化应激的影响研究；长期密闭环境及不同文化对乘组成员非言语交流的影响。

2011 年 11 月 4 日，试验圆满完成，6 名志愿者全部出舱。

2. 失重生理效应及防护措施研究

1)空间环境的生理适应，包括心血管、神经、肌肉、骨骼以及运动感觉系统等方面，已有许多研究，但其发生机理以及对航天员完成任务能力的影响尚不清晰。

2)头低位人体卧床实验是在地面开展失重生理学效应研究的有效手段。

中国航天员科研训练中心在国内首次组织有法国航天局、香港中文大学等单位共同参与的60天头低位卧床大型综合实验。通过头低位人体卧床实验，研究了失重生理效应的综合防护措施。

3)长期飞行的另一重要效应是对学习、记忆能力的影响。

采用尾吊SD大鼠制作模拟微重力动物模型，研究模拟微重力对海马皮层的超微结构和脑内相关核团神经递质的影响，并观测了尾吊对SD大鼠空间学习、记忆能力的影响。

4)中药对抗失重生理效应的作用也得到广泛研究。

北京中医药大学重点研究了失重和辐射的生物学效应及中药的调节作用。

### 3. 空间细胞分子生物学研究

1)对不同类型、形式的细胞，空间环境的细胞学效应及机制研究。

成骨细胞是骨细胞重力响应过程中最重要的感受体；失重环境下的骨丢失主要是因为成骨细胞功能的变化引起的。因此，对成骨细胞的增殖、分化以及信号转导等功能进行了深入的研究，最新的研究已经从miRNA水平来探索骨丢失变化中的分子机制。

2)在启动子水平研究了重力因素对骨髓间质干细胞心肌向分化的影响；证明超重可提高骨髓间质干细胞修复受损心肌并同宿主心肌组织整合的能力；发现超重通过影响HDAC激酶的活性来促进HDAC4/5的核质转位。

总之，利用建立的氧化应激评价体系，针对回转器回转、尾部悬吊、头低位卧床等地基模拟失重以及空间飞行条件，从细胞、动物、人体多层次评估了失重、模拟失重后氧化应激的变化特征。发现模拟微重力效应使得大鼠脑组织发生了氧化应激，不同部位脑组织对氧化应激的反应程度不同，在对不同时程模拟微重力效应的响应过程中，大鼠脑组织呈现从适应性反应到不可逆性损伤的变化历程；空间飞行也出现不同程度的氧化应激，充分说明长期微重力条件下对氧化应激进行干预的必要性。开展了中药对模拟失重神经细胞氧化应激保护作用研究，发现槲皮素可以通过抑制RNS产生，对神经细胞起到保护作用。黄酮类化合物异鼠李素和木犀草素对回转/尾吊模拟微重力导致的机体/神经细胞的氧化应激具有保护作用。

## (六)我国微重力科学最新进展

在空间基础物理研究方面，进行引力物理空间研究的空间陀螺-加速度计等效原理实验概念研究项目，2009年11月至2011年10月已经启动，并开展了牛顿引力反平方定律的空间实验检验的方案论证和部分关键技术的研究。在空间冷原子干涉仪方面，我国进行了大量的前期工作，但仅涉及地面实验，尚无空间计划。目前，在微重力冷原子物理方面，国内尚无具体执行的项目。有几个单位均有能力进行空间BEC研究。

对于胶体体系的相变研究方面，我国研究人员在地面进行自组装形成胶体晶体方面开展了较多的工作。而在空间微重力环境下，进行胶体晶体的相变研究在载人航天工程二期已经立项，空间实验的准备工作正在进行中，已在2011年的天宫一号实验室中进行实验。

2010—2011年间的最新进展：作为我国“战略性先导科技专项”之一，从2010年重新开始，对“实践十号”科学实验卫星上原定的20项科学实验项目进行了复审。该卫星计划，包含微重力流体物理、燃烧、基础物理、生物和材料 5 个领域，共 30 个科研课题，对应于上星的 20 个有效载荷。其中微重力流体物理研究，包括“蒸发与流体界面效应空间实验研究”等 6 个项目；微重力燃烧，包括“在电流过载下导线绝缘层着火前期烟的析出和烟气流动规律研究”等 4 个项目；空间基础物理，有“$10^{-11}g$ 静电悬浮加速度计搭载飞行试验”项目；此外，还包括空间生命科学领域的 9 个项目 11 个课题。其中一些实验项目正在开展前期的关键技术预研和科学地基实验准备工作。

在载人航天工程计划中，2010 年底中国科学院空间科学与应用总体部组织开展了“载人空间站工程应用任务”深化论证工作，并成立了空间生命科学和生物技术、空间材料科学、微重力流体物理与燃烧科学、空间天文、微重力基础物理、地球科学与应用 6 个领域深化论证工作组，正在制定在空间站上进行微重力科学实验和项目计划，并于 2011 年底向社会公开发布了“载人空间站空间应用系统科学任务指南”，其中包括微重力科学各领域。

2011—2030 年，空间站将成为主要微重力科学实验平台，其计划的实施，将有利于微重力科学成果的获取。其中，国内 6 个单位联合提出，在空间站微重力流体物理研究领域内，“空间应用两相系统流动与传热规律研究”项目是针对空间站“微重力流体物理与燃烧科学任务指南”内容。该项目以空间应用两相系统和空间在轨流体管理在未来载人航天工程、深空探测需求为背景，针对空间蒸发与冷凝相变，沸腾传热、两相流动与回路系统、先进生保系统与空间电池气、液循环与控制、空间流体形位控制与热管理等过程中的关键科学问题与工程技术应用，提出在“载人空间站空间应用系统”要优先开展，这既有重要航天工程应用需求，又亟待深入认识的空间应用两相系统特殊规律的系列重要研究课题。同时，还提出了支撑本空间实验研究项目的、可长期运转的“空间两相系统多功能实验平台”的建设方案。

本项目主要包括：空间相变流体界面的复杂流动规律研究、空间相变传热规律研究、空间两相流动系统动力学特征研究、空间在轨流体管理关键问题研究，以及空间站空间两相系统多功能实验平台建设与关键技术研究等。在空间站上，开展上述课题的科学研究和系列空间实验，在空间应用两相系统的流体流动与传热研究中，有望获得系列的科研成果，为航天工程应用提出新理论、新概念和新方案，提升空间应用流体物理的研究水平和科研实力，为载人航天和深空探测工程相关新技术的研发，提供理论依据和应用基础。

此外，近两年来，在国际合作与学术交流上，我国微重力科学取得了积极进展。2010 年 9 月，成功召开了第八届中—日—韩微重力科学研讨会。鉴于目前亚洲微重力科学发展现状，与会代表一致同意，2012 年秋季在中国召开第九届中—日—韩微重力科学研讨会。

## （七）我国遥感研究最新进展

### 1. 空间遥感技术

近年来，我国正在进行“航空遥感系统”建设，建立一套由多种高性能遥感设备综合集成的先进航空遥感系统。建成后，不仅将成为提高和发展遥感科学与技术的先进实验平台，而且将成为我国地球系统科学研究、国家信息化建设和国家安全的科学数据源，将发挥与美国NASA的JPL航空实验平台系统相当的功能，极大地提高我国在航空遥感技术领域的国际地位。“航空遥感系统”的建设不仅能够推动地球系统科学诸多研究领域的原始创新，而且将促进我国基础测绘、资源和环境调查、精准农业、电子政务、国防技术等相关领域的发展。

2. 对地观测

在地球系统科学与区域可持续发展研究的方法中，从原始数据采集到数据分析和解释判断，再到概念模型的建立和数值模拟与验证，每一个环节都与空间信息技术的应用密不可分。以空间遥感技术为代表的高技术在地球科学中的广泛应用，不仅大大提高了地球研究取得第一性资料的质量、效率，而且促进一些新思想和新理论的诞生，提升了许多重点方向的研究水平。

针对新形势的要求，当前遥感技术研究的目标是探索地球系统观测与分析的新理论、新方法和新技术，为地球科学的基础研究提高新的途径和手段。因此，发展思路转变成为以针对现实问题寻求解决方案的观念。对地观测系统链路的各个节点的发展趋势充分体现了这一变化过程，航空与航天、红外与微波、主动与被动的遥感方式和遥感数据解译反演的比较分析，不仅是为了优选，更重要的是要优势互补、取长补短。

## 三、国际空间科学态势

### (一)国际空间天文学态势

目前，正在运行的21颗空间天文卫星的观测获得了重大的进展。现在，主要以WMAP、Spitzer、Hubble、Chandra和Fermi 5颗卫星的科学成果为代表，阐明在射电、红外、可见光、X射线和伽玛射线波段的新发现。

1. 宇宙学进入精确科学时代

威尔金森微波各向异性探测卫星(WMAP)主要科学目标是进行宇宙学的基本测量，于2010年10月完成任务，其观测结果革新了人类对宇宙的认识，使宇宙学从猜想进入精确科学的时代。在整个物理学和天文学领域中，引用最高的3篇论文都与此有关。

2. 开辟红外观测新时代

斯皮策空间望远镜(Spitzer)是美国宇航局(NASA)发射的一台红外望远镜，与哈勃空间望远镜、康普顿伽玛射线天文台、钱德拉X射线天文台一起，称为NASA 4个巨型天文台。它们主要通过红外观测而带来一系列新发现：①发现星盘与行星形成的复杂过程；②首先发现地外行星辐射，从而开辟了地外行星研究的新时代；③知道哪些星系在“疯狂”地形成恒星，找到孕育恒星的场所，并确定恒星大量形成的原因，这对了解星系和宇宙的起源有着重要意义。

3. 哈勃空间望远镜的重大发现

2010年4月，在庆祝哈勃望远镜(HST)20周年时，评出了5项重要成果：①测量宇宙年龄，确定为(137±2)亿年；②发现星系的中心普遍存在超大质量黑洞，黑洞的质量和星系的质量成正比;③完善了行星形成的整个链条,发现恒星周气体和尘埃的分布逐渐变得扁平,密度逐渐增大,从而允许物质逐渐凝集成块,解决了行星形成的关键问题;④在系外行星中发现了有机分子,即在距离太阳系 67 光年的狐狸座中,发现一个木星大小的系外行星的大气中存在甲烷分子,这一发现对于探索地外生命的存在具有突破性的意义;⑤发现暗能量存在的证据:通过观测位于遥远星系中的 Ia 型超新星遗迹,发现随着红移(距离)的增加,星系远离的速度在加速增长,即宇宙的膨胀越来越快,说明宇宙中存在神秘的暗能量。

### 4. 钱德拉 X 射线天文台(Chandra)一系列重大发现

Chandra 是 NASA 继 Hubble 和 CGRO 后发射的第 3 个巨型空间天文台,获得了以下 9 项重大成果。

1)发现脉冲星的高能粒子环和喷流。

2)观测年轻的类太阳恒星活动。在对猎户座星云中的年轻星团的深度观测中发现,年龄在百万年到千万年之间的类太阳恒星会产生剧烈的 X 射线爆发。

3)发现新星遗迹中的激波与周围物质的相互作用,了解激波加速宇宙线的过程,追踪爆发抛射的重元素的分布及其运动,从而探索超新星的爆发机制以及前身星的物理性质。

4)发现了质量最大的恒星级黑洞,即在 M33 星系中发现一个围绕着 70 倍太阳质量的恒星旋转的黑洞,黑洞质量达到 16 倍太阳质量,是目前发现的质量最大的恒星级黑洞。这样一个大质量的双星系统对传统的黑洞形成理论提出严峻的挑战。

5)发现了银河系中心黑洞 Sgr $A^*$ 的 X 射线耀发,在这一过程中,X 射线的流强在 10 分钟之内下降了 5 倍,然后几乎以同样的速度恢复,如此快的光变时标说明 Sgr $A^*$ 周围的热气体集中在小于一个天文单位的区域,而同样质量黑洞的视界只是比这一尺度小 20 倍,因此证明 Sgr $A^*$ 只能是一个黑洞。

6)发现双黑洞,即在对星暴星系 NGC6240 的观测中,发现在星系的中心存在两个明亮的 X 射线点源。

7)探测到黑洞活动对星系团的影响:在著名的英仙座星系团中,发现了从内向外传播的类似声波的结构,这些声波结构是中心超大质量黑洞的爆发形成的,频率非常低,比人能听到的声波频率低 $10^{15}$ 倍。

8)发现了大批被尘埃遮挡的黑洞,在南天的一个区域进行极深度的观测,发现了大量低能光子被吸收的暗弱黑洞,从而证明大量年轻的大质量星系存在被严重遮挡的活动星系核的猜想。

9)“子弹”星系团的光学图像是发现暗物质存在的直接证明。

### 5. 费米伽玛射线空间望远镜(Fermi)的重要发现

Fermi 用于研究来自于各种极端天体物理过程的伽玛射线辐射,极大地拓宽和加深了人类对伽玛射线星空的认识。其中有 5 项重要发现:①探测到的伽玛射线脉冲星已达 83 颗;②发现弥散伽玛射线辐射;③新的 GeV 伽玛射线辐射天体;④伽玛射线暴;⑤特别是,在 2011 年 4 月 12 日的一次耀发中,蟹状星云的辐射通量增加了 30 倍,蟹状星云出现如此大的 MeV 耀发,打破了人们一直认为蟹状星云及其脉冲星非常恒定的概念,其爆发的机制更是让人非常困惑，也许是源自于离中子星不远处的磁场重构，但到底发生了什么，迄今仍无法知晓。

未来几年，国际上还陆续有几个重要的空间天文卫星发射，基本上每年发射2～3颗。今后若干年太空中将维持大约20颗空间天文卫星同时运行的局面。从观测波段上说，空间高能天文（X射线和伽玛射线）卫星约占天文卫星总数的一半左右。值得一提，采用聚焦成像技术实现在硬X射线能区的高灵敏度观测，将是硬X射线天文观测的发展方向。

詹姆斯·韦伯空间望远镜（JWST）将接替哈勃空间望远镜的红外线空间望远镜，由NASA和ESA共同出资建造。此项目曾经被称为“新一代空间望远镜”，主要科学任务是研究早期宇宙，由于早期宇宙的红移较大，因此JWST的主要探测器都工作在红外波段。与哈勃空间望远镜位于近地轨道不同，JWST位于距离地球150万km的第二拉格朗日点上，重力相对稳定，故相对于邻近天体来说可以保持不变的位置，不用频繁地进行位置修正，可以更稳定的进行观测，原计划于2014年发射。

国际X射线天文台（IXO）由美国主导的Constellation—X天文台和欧洲主导的XE-US天文台合并而成，计划取代目前正在运行的美国的Chandra和欧洲的XMM - Newton，原计划于2021年发射，设计工作寿命至少10年。IXO将研究的科学问题涉及从恒星到类星体、从星系和黑洞到暗能量和太阳系外行星等一系列很广泛的主题，其首要科学主题将是极端条件下的物质，比如处于黑洞极强引力场中的物质或者处于中子星核心区的物质，其他科学主题包括宇宙的起源和组成，宇宙中各种元素的形成和如何通过恒星、宇宙爆发和粒子加速传播和扩散等等一系列重要的物理和天文问题。IXO是一个十分激动人心的巨大的科学项目，但将使用一系列新的X射线光学、X射线探测器、伸展光学系统和新的卫星技术，造价预计达50亿美元。2010年，美国发表《天文学和天体物理学10年评述》报告，IXO被列为被推荐空间项目的第四（最后一位），评委会在肯定其科学意义的前提下，指出其存在高技术风险和巨额预算。ESA已经在考虑新的规模更小的X射线卫星方案，用于补充IXO无法上天带来的空缺。

### （二）国际空间物理学态势

目前，空间物理学取得了巨大的发展，在揭示宇宙奥秘、发现自然规律方面获得了举世瞩目的科学成就，在太阳系进行多星联合探测并取得新的进展。

1. 太阳系进行多星联合探测

21世纪开始，将太阳—太阳系作为一个有机整体研究，并强调多星联合探测。

（1）太阳—行星际探测

2011年2月1日，Hinode卫星拍摄到了太阳表面存在两个冕洞，一个冕洞位于太阳中心偏上位置，而另一个冕洞（极地冕洞）清晰地位于图像底部。

NASA研制的日地关系观测台（STEREO）于2006年10月25日发射。有两颗子卫星，分别位于地球绕太阳公转的轨道前方和后方，形成对日观测的立体视角，拍摄太阳的三维图像。

2011年6月1日，拍摄到完整的太阳背面的图像，这也是第一次由太阳观测卫星在轨道上拍摄到太阳另一面的情景。

太阳动力学观测台(SDO)由 NASA 于 2010 年 2 月 23 日使用宇宙神 5 运载火箭发射，是 NASA 的“与星球共存计划(LWS)”的第一个步骤，旨在理解太阳，以及它对太阳系的生命有何影响。SDO 打破长期以来阻碍太阳物理学发展的时间、尺度和清晰度方面的障碍。2011 年 3 月 19 日 SDO 观测到的一次日珥喷发事件。

(2)地基观测的发展

国际上在着力发展空间天基探测和研究的同时，也十分注重地基探测。事实上，大型国际合作计划“国际与日同在计划”和“日地系统空间气候和天气计划”中，地基观测是非常重要的组成部分。正是由于具有“5C”(连续、方便、可控、可信和便宜)的优越性，地基观测是空间环境监测的基础，也是空间探测计划的重要补充。

加拿大提出的地球空间监测计划(CGSM)，美国也提出先进模块化的可移动雷达(AMISR)计划。

## 2. 空间物理学的发展

(1)日冕—行星际研究

目前，前沿科学问题包括，日冕等离子体的加热问题、日冕中的波动现象、太阳风的起源和加速的物理机制、CME 和耀斑等太阳爆发现象物理过程的能量孕育和释放过程、各种爆发现象：太阳射电爆发、CME 激波的产生和演化、爆发过程中的粒子加速等过程的物理机制；考虑不同时空尺度物理过程耦合的、更为实际的三维日冕动力学模型；并将太阳爆发在日冕与太阳风中的初发和传播作为直接控制和影响空间天气的重要环节进行研究。

(2)日球物理学的进展

日球物理学即行星际物理学。日球指太阳系内主要由等离子体流和磁场充满的空间，称为日球空间，其边界大致位于 70—200AU。日地行星际空间是太阳向地球输运能量、动量和质量的传输通道，它像一条纽带把太阳和地球密切联系起来，是日地系统相互耦合链上非常重要的一环。

最近 10 年，在行星际中的多种间断面(如电流片、激波间断、接触间断、阿尔芬间断)与行星际扰动的相互作用、多重 CME 的相互作用、行星际激波的相互作用、行星际磁重联、太阳能量粒子在行星际的传输等方面都取得了重要进展。目前，前沿科学问题包括，行星际太阳风和日球的三维结构、各种间断面对行星际扰动传播的影响、日冕物质抛射事件/激波的行星际传播过程、行星际磁场南向分量的形成和演化、行星际扰动与磁层的相互作用、高能粒子在行星际空间的加速和传播等。

1)磁层物理学。

目前，磁层探测的重要趋势是多点探测和成像探测。其中多点卫星探测计划以 ESA 的 Cluster 计划、中欧合作的双星计划以及美国 NASA 的 THEMIS 计划为代表；成像探测以 NASA 的 IMAGE 卫星为代表，大都在近十几年内开始实施，并已使磁层物理学在近地太阳风与磁层相互作用、磁层亚暴、磁场重联等方面取得了多项重大进展，其焦点还要集中在三个方面：磁层亚暴的物理过程、磁场重联和辐射带粒子的加速和损失过程的研究。

2)电离层物理学。

目前，前沿科学问题包括，高纬电离层及其与太阳风、磁层的相互作用；中、低纬电离层及其与大气层的相互作用;高纬电离层与中、低纬电离层的相互耦合;电离层扰动与电离层空间天气预报;电离层气候学与模式化等。

3)中、高层大气物理学。

中、高层大气是对太阳活动和人类活动等外界扰动都极为敏感的空间区域,是地球环境和太空之间的通道,也是当前人类知之最少的地球大气区域。一些空间大国相继推出了各自的研究计划并先后组织了多项全球性的合作研究,目的在于弄清中、高层大气中关键的光化和动力学过程,以及它们对空间环境的影响。如美国正在执行的"空间天气计划",欧空局的"欧洲空间天气计划",以及国际日地物理委员会组织实施的"日地系统空间气候和天气计划"等,都把研究中、高层大气天气和气候问题作为明确的科学目标。而美国 NASA 和 NSF 分别推动的"大气各区域耦合、热力学和动力学计划"和"热层、电离层中间层热力学和动力学使命",更是直接关注于中、高层大气的观测与数值建模工作。在重力波、行星波、潮汐的观测、激发、迁移、变化规律和统计特征以及大气风场的特性等方面取得了重要进展。

综上所述,可以将国际上空间物理探测和研究的发展趋势可归纳如下:

进一步开展日地系统整体联系过程的研究,并延拓为太阳—太阳系整体联系,天基与地基相结合的观测体系将日趋完善。以卫星、飞船、空间站等航天器为观测平台的天基探测是空间物理探测最主要的手段,它可直接探测空间环境的各种就地数据,利用有利位置获得地面所不能获得的空间环境遥感数据。地基探测是空间环境探测的重要的补充。只有天基和地基监测系统有机地结合,才能形成从太阳到近地空间的无缝隙的综合监测体系,为空间物理研究和应用提供观测基础。

——探测区域向空间天气的源头——太阳不断逼近。这样有利于认识太阳活动物理过程和影响,进而形成从太阳源头、行星际传播到地球空间响应的整体观测。

——多颗卫星的联合探测成为主流,立体探测、时空区分、多空间尺度探测成为空间物理探测的前沿。只有实施联合探测,才能了解关键区域、关键点处扰动能量的形成、释放、转换和分配的基本物理过程,深入揭示其物理过程的本质。

## (三)国际月球科学和比较行星学态势

近年来,美国和欧盟科学家相继发现月球、火星、木卫二、土卫六等太阳系行星存在大量的水或地下海洋,火星发现甲烷($CH_4$)活动。2009 年 3 月 6 日,美国发射了世界上首个用于探测太阳系外类地行星的飞行器——"开普勒"太空望远镜,以寻找类地行星和生命存在的迹象。为支撑未来载人航天的生物再生生命保障系统(BLSS)研究。2007 年,俄罗斯科学院生物医学问题研究所同欧洲航天局(ESA)载人航天部合作开展了火星 500 天(MARS500)试验。这些新的空间科学的重大发现和成果,无疑将更加激励着世界空间生命科学领域的科学家去瞄准"登月探火"和地外生命探索科学目标,开展宇宙基础生物学、地外生命科学探索、人类航天健康与安全等重大前沿问题的深入研究。

### 1. 陨石学发展趋势

国际上,陨石研究的内容和范围已涉及各个领域,如类型、矿物岩石结构、化学成分、同位素成分、物性,其发展趋势:①研究热点是前太阳物质、灭绝核素、太阳星云的凝聚和分馏、行星的早期演化和冲击变质作用;②测试方法趋于采用高精度测试技术和原位分析技术方法;③特别是火星陨石和月球陨石等特殊类型研究;④研究对象多元化,由单个陨石研究趋于多陨石对比研究;⑤研究对象趋于细微化,如微陨石和陨石中的前太阳颗粒;⑥多学科交叉的特点,如太阳系外物质研究就包含了天体化学、天体物理、宇宙学、核物理等多学科;⑦模拟实验与自然陨石对比研究;⑧南极陨石和沙漠陨石研究。

2. 月球上存在水

月球的地质时钟停滞在31亿年之前。现在月球与地球相比,地球正进入演化的壮年期;月球与火星相比,火星已进入演化的老年期。月球的内部能量已接近衰竭,月震和表面热流均极小。月球表面高度真空,仅为 $10^{-14}$ 大气压;月表温度(平均),白昼107℃,夜晚-153℃;月球没有全球性的偶极磁场(32亿年前曾有过);磁场大约只有 $3\times10^{-9}\sim300\times10^{-9}$ T;重力为地球的1/6;两极月壤里可能存在水冰。

2009年,在月球上发现了水的存在。这不但使得在月球上建造空间探索中继站成为可能,而且使得人们在月球上建立定居点也成为可能。基于印度Chandrayaan-1号飞船观测数据、NASA的Cassini号飞船观测数据以及NASA进行的月球深度撞击试验数据的基础上,首次确信在月球地表的上表层中确实存在水。

月球干燥的地表以下,一直被怀疑含有大量水冰,但直至最近才最终得以确认。最早,“阿波罗11号”飞船采回的岩石样本中就发现了水成分,但由于样品容器有泄露发生,所以无法确认。以往多颗探月卫星测量发现月球表面氢原子同位素含量大大超出岩石所应具有的正常值,这只可能来自于水分子的作用。印度探月卫星搭载美国M3成像光谱仪对月球矿物及水体进行探测,发现月球存在较明显的水体吸收峰及OH基光谱特征,表明月球上水的存在。

为了进一步确认月球南极永久阴影区水冰的存在,美国宇航局在2009年进行了撞月探水计划,其目标是通过光谱探测来证实月球上水的存在。具体方法为通过高速重物撞击永久阴影区怀疑存在水体的区域,测量太阳照射下的溅飞月表目标的反射及吸收光谱,证实月球上水的存在。

3. 火星上存在冰源

继“火星快车”发现火星上过去的水流、火山活动留下的痕迹以及在北极附近陨石坑里的水冰之后,2009年9月24日,NASA火星侦察轨道器清楚地证实火星上存在巨大的地下冰源,从红色星球的两极延伸,几乎到达了赤道。在北半球最近碰撞形成的5个陨石坑掀起的岩屑中,发现了埋藏的冰。在火星上存在水冰这并不足以令人惊讶,而令人惊讶的是冰的纯度之高和埋藏冰源之广。

火星上存在水冰迹象的可能性继续增加,火星表面更多的迹象还表明这个星球上曾经存在着河流,因为该星球表面存在着弯曲的通道和峡谷。德国明斯特大学行星学院的科学家2010年4月28日报告说,他们分析了NASA“火星勘测轨道飞行器”拍摄的图像,显示出在地球时间2006年11月到2009年5月间,火星表面一条约2m宽的侵蚀沟长度增加了约170m。这一变化是由火星融冰川期的水沙混合液体造成的。这再次证明,火星表面有液态水。发现了火星表面至少在特定季节中有液态水存在的新证据。

## (四)国际空间生命科学态势

### 1. 空间生命科学前沿

NASA2008 年公布了宇宙生物学路线图,选择了三个方面的基本问题:生命是如何起源和进化的;在宇宙其他星体是否存在生命;地球和地外未来的生命又是什么?

设置了七大目标:①了解宇宙中天然生存环境的分布,探测远离太阳系潜在的,并确认其是可以观察到的可生存行星。②探测过去或现在的任何可生存环境,原始生物化学,以及在我们太阳系里无论何处的生命信号。探讨任何可能有维持生命系统的液态水环境、化学导入及能量的历史。探测任何表明过去或现在存在生命的地壳材料和行星大气层。③了解生命是如何从宇宙和行星先期发生的。通过观察、实验和理论探讨去了解有关生命起源的普通物理和化学原理。④了解生命在地球和其他的行星环境是如何通过地质世代演化进行共进化的。应用地质科学与生物科学的数字分析探讨地球和其他星球与生物间的相互关系,说明生命进化、相关环境变化及在一个行星范围环境条件的修饰。⑤了解生命的进化机制和环境限制。检测调控和限制生命进化、代谢多样性及环境适应性的分子、遗传和生物化学机制。⑥分析地球和地外形成未来生命形式的原理。阐明微生物生态系以时间尺度(从数十年至百万年)为基础,预测将来的变化,探讨潜在的地外环境,尤其是与美国空间憧憬策略相关的微生物生存与进化研究。⑦认识生命在地球早期和其他星球的特性。测定生命在过去或现在古代地球样品里可能的特征和特性,测定原位或被送回地球的地外样品,遥测行星大气层和表面,鉴别远距离技术获得的生物信号。

在 3~5 年里,特别关注 18 个项目:可生存的行星形成与进化;直接或间接的太阳系外可生存行星天文观察;火星探索;太阳系外的探索;原生物物质和催化反应的资源;功能性生物分子的起源与进化;能量转换起源;细胞结构和原生生物起源;地球早期的生物圈;复杂生命的产生;宇宙事件对生物圈的效应;微生物的环境依赖及分子进化;微生物群落的共进化;对极端环境的生化适应性;环境变化的微生物生态效应;地外生命的适应和进化;人类寻找太阳系物质的生物信号;围绕行星系寻找生命信号。

"宇宙生物学路线图"不仅是当今而是在一段时间内,对宇宙生物学研究最为全面的战略规划,值得各国空间生命科学研究。

### 2. 行星和及其卫星生命现象探索

2009 年 1 月,NASA 宣布在火星大气中发现甲烷($CH_4$),从生物学意义上讲,甲烷可能来自生物代谢产物;从地质学意义上讲,火星依然活跃。这一发现将引起科学家研究甲烷是否起源于生命?

(1)木卫二(Europa)生命探索

木卫二上厚厚的冰层下存在液态海洋,可能存在深度超 100km 的供生命延续的水。其中溶氧足够维持水生生物的存活。木卫二的海底环境与地球海底"热液出口"具有极大相似。木卫二表面温度低于-160℃,借助木星巨大引力产生的潮汐能释放的热量使其为海洋而非冰。木卫二像其他的伽利略卫星一样,镶嵌在木星的磁层中,木星的内辐射带和地球的 Van Allen 带非常相似,但是在强度上要大 1 万倍。然而,由于木卫二上的厚冰层的覆盖，辐射被有效地屏蔽了，在 1m 深处木卫二上的剂量就和火星表面上的剂量差不多了。那里有可能有生命居住。

木卫二是颗远离地球的行星，如何探讨木卫二存在的生态系？如何采集地质与环境样品？如何解决地球到木卫二 5～7 年的飞行距离遇到的生命保障系统？如何利用轨道飞行开展生物太空适应性研究？这些将是人类进行木卫二行星的生命探索活动的关键问题。

木卫二可能存在高智能生命，证据一是发现冰层下有酷似海底隧道的人工建筑设施；证据二是表明陨石坑出现不久又被填平。木卫二具有多种可以满足生命存在的元素。NASA 伽利略探测器还在木卫二的 400km 高空掠过时，收集到厚厚冰层下面传出的“吱吱”叫声，其与海豚发出的声音十分相似，误差率极为 0.001%。海豚是太阳系除人外最聪明的生物。2009 年 10 月，NASA 太空网报道，木卫二的海洋液态水是地球海洋水的两倍。其中溶氧足够维持水生生物的存活。美国亚利桑那大学生物学家格林伯格认为，木卫二可能存在类似鱼类的生物，从理论上讲，在木卫二海洋中至少应该存在 300 万 t 鱼类生物。

(2)类地球的土卫六可能存在生命现象

土卫六(Titan)环境的化学特征非常接近于生命最初形成的早期地球。它的表面布满有机沙丘、湖泊、通道和山地上，在 100km 下存在有水和氨混合的地下海洋。北半球 Kraken Mare 湖泊覆盖它的表面达 40 万 $km^2$。它是太阳系中唯一有稠密大气层的星球，其大气厚度是地球的 1.5 倍。它是一个非常寒冷的世界，其表面平均温度为零下 180℃，在这里液态水无法存在，除非以深度冰冻、像岩石一样坚硬的冰块的形式存在。甲烷和乙烷代替水成为它循环系统的主要成分，以降雨或降雪的形式落到表面，并形成湖泊或排水通道。它富含碳的大气层，与地球年轻时非常相似。一个富有有机物质和液态水的天体对于宇宙生物学家有极大吸引力。现在，重要的问题是，围绕着这个天体存在生命的可能性，了解那里的天气状况如何？季节如何变化？表面上下雨吗？甲烷是如何形成的？液态甲烷如何在表面上流动？是否它的化学特征与早期地球生命起源时期的化学性质相近？

2009 年 7 月 8 日，NASA 宣称，Cassini 宇宙飞行器利用可视和红外绘图分光仪，拍摄到土卫六北半球有液体的反光迹象的照片，此前未发现过类似的反光现象。由此，土卫六成为除地球之外唯一表面存在液体的天体。

### 3. 太阳系外类地星体生命环境的发现

在星系中有 200 亿个星球，宇宙中存在 100 亿个星系，每个星系拥有数亿星球，估计宇宙中可能有生命的天体超过 $10^{20}$ 个。在宇宙不计其数的星球中有一个适宜居住生物的地球，必定有更多存在生命的类地行星。在太阳系外首次发现了一颗可能适合人们居住的围绕红矮星 Gliese581 的行星 C 之后，2009 年 3 月 6 日，美国发射了“开普勒”太空望远镜，首先用于探测太阳系外类地行星，在 3 年半内，对天鹅座和天琴座中大约 10 万个恒星系统展开观测，以寻找类地行星和生命存在的迹象，预计可以发现 50 颗以上的地球尺度(或者更小)行星。

### (五)国际航天医学最新进展

国外航天医学也是伴随载人航天活动的深入而逐步推进的,由于各航天大国将载人深空探测作为当前发展的重点,目标直指火星,长期飞行环境的生理心理效应、潜在医学风险和先进防护措施,成为航天医学迫切需要研究的问题。这方面,国外利用空间站已经开展了大量有针对性的研究。如,NASA2007 年提出将国际空间站作为国家实验室予以利用,并自此利用该平台实施了人体研究项目(HRP)中的国际空间站医学研究计划(ISSMP)。该项目的主要目的是利用国际空间站进行科学研究,以减少星际探索任务中人体系统的风险。ISSMP 通过在国际空间站、航天飞机、"联盟"飞船、"进步"飞船和其他航天器上进行人体研究的计划、整合和执行,在飞行研究和实施医学之间架起了一座桥梁。截至 2009 年 12 月,在空间站中开展的 ISSMP 共 24 项。

### (六)国际微重力科学最新进展

近 20 年来,人们通过大量的地基模拟和空间实验等研究活动,在微重力流体物理、空间材料科学与生物技术以及基础物理研究方面,获得了大量科学成果。

1. 国际空间站(ISS)的全面使用

国际上,近期的微重力科学进展将以国际空间站(ISS)所取的科研成果和后续研究项目的规划和逐步实施为突出代表。自 2011 年起,ISS 将进入一个新的全面使用阶段。现在,这样一个多国参与的、空间在轨实验室上已开始开展系列的微重力科学研究实验。

美国政府 2011 财政年已经提议将国际空间站的使用延长至 2020 年。ESA 在国际空间站的建设过程中,投入巨大,并对未来空间计划中发挥作用寄予厚望。俄制定了 2006—2015 年俄罗斯联邦空间计划,其主要目标中明确提出,为了国家社会、经济、科学和安全的需要,建立和保持轨道飞行器群,利用国际空间站上的俄罗斯舱开展基础和应用研究。日本 JAXA 利用国际空间站的日本实验舱 JEM(又称 Kibo),从 2008 年到 2011 年间计划安排的中的实验设备进行 6 项微重力科学实验,而计划中的空间微重力研究项目有 13 项。

(1)微重力流体物理研究

美国 NASA 在 2010 年已将 CCF 流体实验装置安装在 ISS 上,并将在空间站的 MSG 手套箱中进行实验。该项目是 NASA 与德国空间局的合作计划,主要研究如何在空间利用毛细力约束和传输液体的流体管理技术,其研究结果有益于改进空间液体和推进剂管理的设计。日本 JAXA 于 2008—2010 年利用 ISS 空间站日本 JEM 舱的流体实验柜(RYUTAI Rack)完成了首批 Marangoni 空间实验项目,成功进行了世界上最大的液桥(直径 60mm,高 30mm)的热毛细对流实验研究,获得了好的实验结果。近期,JAXA 已经开始 2010—2012 年期间第二阶段实验的准备工作,其中为今后热管理系统而设计的两相流动系统实验作为微重力流体物理的候选项目。

(2)微重力燃烧研究

在国际空间站上,NASA 进行的微燃烧实验、燃烧科学基础研究,其研究不仅涉及固体燃料表面火焰传播、液体燃料着火和烟黑生成,也包括射流火焰的燃烧特性研究,其目的是为空间防火及改善地面燃烧装置服务。美国在空间进行过的微重力燃烧试验包括热薄和热厚固体燃料的火焰传播特性研究、材料闷烧、射流扩散火焰的烟黑生成特性以及火焰球的生成和稳定机理等研究内容。目前，美国正在进行的微重力燃烧项目是空间探索中材料可燃性评价，烟雾等悬浮粒子测试，球形火焰试验，火焰设计，同轴射流扩散火焰，电场对扩散火焰特性的影响，双组分燃料火焰熄灭试验以及同轴射流扩散火焰的烟点生成特性等项目。这些项目覆盖了微重力燃烧和防火的各个方面。欧空局(ESA)在国际空间站上目前进行的燃烧计划是液滴和液雾燃烧特性研究。进行的空间材料燃烧试验主要研究外界来流作用下材料表面扩散火焰的燃烧特性，通过研究特定材料在空间的潜在火灾特性，制定适合空间火灾场合的防火准则。其他的项目还包括金属颗粒的燃烧，材料的燃烧合成等。燃烧是 ESA 空间生命和物理科学研究计划(ELIPS)中的基本研究(Research Cornerstone)之一，将通过气体、液体和固体燃料的微重力燃烧实验，定量地研究地面上被浮力对流效应控制的燃烧基本现象，科学目标包括认识液滴和液雾的蒸发、点火和燃烧过程，理解碳黑形成机理以及固体材料的可燃性条件等，应用目标明确为提高电厂效率、减少发动机污染排放和改善空间飞行器用材料可燃性的测试方法。2009 年之前，EAS 在国际空间站开展微重力燃烧研究的机会实际几乎没有。地基微重力燃烧研究方面，近几年欧洲科学家主要利用探空火箭和落塔进行了液滴和液雾燃烧的系列实验。包括一项液滴燃烧过程的研究。日本在微重力燃烧方面多与美国的研究工作有重叠。目前，日本正在进行的研究包括液滴燃料燃烧以及非金属材料的着火及燃烧。

(3)空间材料科学研究

材料科学又有了新的进展，这些新结果既有空间的，也有地基的。其中，在欧空局 ESA 的晶体生长与凝固 CETSOL 研究项目中，已经获得了多方面的结果。他们对多个成分的 Al－Si 合金样品自 2009 年在 ISS 上开展了关于缺陷和生长前沿动力学等方面的实验，结果尚在分析之中。美国学者用二元透明合金进行凝固过程中形态转变与微观组织形成的空间实时观察表明，微重力条件下晶体生长过程中平界面失稳开始的时间比地面的要短得多，研究分析认为这是由于微重力条件下的界面前沿易造成溶质堆集(靠扩散输运溶质)而很快失稳，地面因对流而使得界面处的溶质较慢。空间实验的界面失稳开始时间与形成的胞间距等结果与用相场模拟的结果有很好的一致性。

日本学者从 2008 年 12 月开始在“希望”号舱段的 SCOF 上进行重水的结冰实验，到 2009 年 3 月底已进行了 134 次实验观察(完成约 50%的实验)，2010 年 3 月又开始了新一轮的空间实验。在过冷、形核与非平衡相变研究方面，德国的研究者用电磁悬浮技术对 Fe－Co 合金进行过冷与亚稳相形成研究时发现悬浮技术可以使合金熔体获得非常大的过冷度及所形成的相生长速度随过冷度的增加而提高。在相分离与聚集行为研究方面，欧洲在尘埃等离子体结晶在空间微重力环境下的研究已经取得了多项有意义的结果。例如，不仅尘埃等离子体可以形成规则点阵结构的晶体，对在由弱离子化的气体与带电微颗粒组成的二元复合等离子体系，不同尺寸颗粒之间的作用会导致流体的相分离，这种分离具有不可逆的非对称性，在一定的条件下还可以出现调幅分解效应，这些现象和结果类似与我们通常所熟知的金属合金和聚合物、胶体晶体体系中经常发生的。在胶体晶体的结晶、相分离和临界现象等研究方面，空间实验已经获得了多项结果，这也是 4 个项目的系列试验。如对胶体—聚合物混合体系的空间实验发现了地面没有观察到的相分类现象，而对纯胶体体系则都存在。此外，对相分离体系还观察到早期的条幅分解和界面张力驱动的相粗化现象。对具有 AB13 结构的胶体晶体形成体系的结晶过程空间实验研究发现了与地面不同的生长幂律关系。在胶体体系发现了器壁诱发结晶的效应。此外，日本于 2009 年在 ISS 的细胞实验柜架中的细胞生物学实验装置（CBEF）里，进行了具有光触媒和高效染料敏化太阳能电池功能的新型纳米材料 $TiO_2$ 纳米骨架的合成。实验获得的数据将作为输入用于这类材料合成的计算化学模拟以在地面进行合成的性能参数预言。这是一个大学/工业/政府联合的研究项目，空间实验结果尚未公开。

（4）空间基础物理研究

LISA（Laser Interferometer Space Antenna）是一个由 NASA 和 ESA 合作的引力波探测计划，目前仍在方案阶段。LISA 主要有三颗相距 5 百万 km 的航天器组成，对悬浮在航天器之间的检验质量进行精确的测距，期待探测 $1\times10^{-4}$～1Hz 的测量频带内的引力波信号。根据引力波源和强度分析，给出引力波应变探测水平在 10mHz 需要达到 $10^{-23}$。LISA Pathfinder 作为 LISA 的关键技术验证空间项目，主要开展高精度惯性传感器、外差激光干涉仪、微牛顿推进器和无拖曳控制技术技术的飞行验证。LISA Pathfinder 目前处于飞行研制阶段，已经完成任务设计评审和地面部分评审，完成部分飞行件研制和验收，即将进入组装、集成和验证阶段。预计该关键技术验证卫星 2012—2013 年左右发射升空，技术验证成功与否将关系到 LISA 项目进展。法国宇航研究院（ONERA）于 1999 年提出 MICROSCOPE（MICRO Satellite with drag Control for the Observation of Principle of Equivalence）项目计划。此计划用来在空间检验等效原理，预期检验精度为 $10^{-15}$。该计划已被列为欧空局（ESA）与法国空间局（CNES）的合作计划。GP－B（Gravity Probe B）由 Standford 大学科学家提出，由 NASA 和 Standford 大学联合资助开展进行的。其科学目标是校验广义相对论的引磁效应，包括短程线效应（卫星轨道进动，预期检验精度为 0.006%）和坐标系拖曳（Lense-thirring，预期检验精度为 1%）效应。该计划主要载荷和关键技术有：陀螺仪、低温技术、高精度恒星敏感与跟踪技术、微推进器和无拖曳控制技术等。

（5）空间冷原子物理研究

国际冷原子物理空间计划取得了新进展。国际上第一个在微重力环境下的 BEC 研究项目是欧洲的 QUANTUS 计划（QUANTen Gase Unter Schwerelosigkeit, Quantum Systems in Microgravity）。2007 年 11 月，QUANTUS 装置第一次在德国不来梅落塔上实现了 $^{87}Rb$ 原子气体的 BEC。欧洲正在进行 ACES（Atomic Clock Ensemble in Space）计划，包括一台冷原子钟 PHARAO（Projet d'Horloge Atomique par Refroidissement d'Atomes en Orbite）、一台主动氢钟和空地微波链路。ACES 利用氢钟的短期稳定度优势和冷原子钟优异的长期稳定度一特点，实现空间高精度频率标准系统。法国为此进行了长时间的研究，将于 2013 年安装在国际空间站上。欧空局计划于 2013 年发射飞行的冷原子钟（PHARAO）和氢钟计划将改善引力红移测量的准确度 25 倍，将基本物理常数随时间变化率的测量灵敏度提高 100 倍。

（6）凝聚态物理研究

国际凝聚态物理空间计划也取得了新进展。美国 NASA、欧洲的 ESA、日本的 JAXA 及俄罗斯的 RFSA 这些空间技术先进的国家，对空间开展“传统”的低温与凝聚态物理研究的支持在最近几年并没有处于一种沉静状态。例如，美国计划在空间开展的5项低温与凝聚态物理实验应布什政府对空间政策的改变使得NASA从2009年起暂时停止对这方面的空间与地基研究的支持，到2009年底，ISS上还没有上一件用于这方面的实验设备，而ESA、JAXA等也是如此。在NASA2009年8月中旬给出的一份材料中，关于今后几年准备支持的地基及空间飞行实验，甚至连整个基础物理方面的研究都没有提及。最近几年主要支持新兴的研究方向，如尘埃等离子体的聚集与相变、胶体晶体的相变等大有方兴未艾之势。

2. 地基实验的必要性

在地面进行微重力科学实验是不可缺少的手段。欧、美、日等国在国际空间站陆续开展微重力科学实验计划的同时，还积极利用微重力火箭、失重飞机和落塔进行微重力流体实验，其中包括空间站实验项目的准备预实验，还有蒸发相变、两相流动、空间流体管理和颗粒介质等实验研究。

总之，随着供给空间站的正式运转，欧洲和日本已经按计划实施相应的微重力流体物理空间实验计划，同时利用多种微重力实验手段开展前期研究，并积极寻求开展国际合作和开展联合实验计划，达到提高项目水平和充分利用空间实验机会。欧空局除已经与美国、日本和加拿大等开展了合作，近期也同中国的微重力流体物理研究组开展了ISS课题的国际合作。

### (七)国外遥感态势

(1)高分辨率卫星遥感系统

美国在对地观测领域和发展方向上一直处于领先地位，目前有数字地球公司(Digital Global)、轨道成像公司等商业遥感卫星公司。日本、韩国、泰国、俄罗斯、巴西等国建立了卫星遥感系统。

(2)航空遥感系统

与航天遥感系统不同，航空遥感系统的种类繁多，应用门槛较低，涉及的领域广泛，资源分布在各个部门，故航空遥感资源的整合和发展问题一直得到各个国家的重视。

(3)无人机遥感系统

无人机对地观测系统已广泛应用于等军事领域。目前，美国有“全球鹰”等57种类型，以色列有“苍鹰”等16种类型，法国有“红隼”等15种类型，俄罗斯现有6种类型的无人侦察机。美国和以色列拥有从低空、中空到高空，从低速到高速，从近程、中程到远程、长航时等多种类型的侦察、监视或多用途型无人机。

## 四、我国空间科学发展趋势

### (一)我国空间天文学发展趋势

1. 天体X射线时变特性研究

HXMT卫星主要科学目标之一是对黑洞和中子星X射线双星系统的光变研究。为了充分利用HXMT项目积累的硬件技术和课题思想基础，在天体的多波段时变特性研究方面取得国际领先，我国提出“X射线时变和偏振探测卫星（XTP）”概念，并已经开始相关的物理设计和关键技术攻关。XTP的突出特点是以准直或聚焦望远镜阵列的方式，实现比已有X射线天文卫星大几倍到一个数量级的探测面积，从而获得关于银河系X射线双星和邻近亮活动星系核的更高的光子统计量，研究黑洞视界附近和中子星强磁场中物质运动和辐射的快速变化过程，从而实现基本物理规律和天体物理过程研究的突破。

天体时变特性研究的另一个方向是对天空X射线变源的多波段监测。一个可能的技术方案是：通过对银河系核球天区几百平方度内的持续和暂现X射线天体长期、连续的监测和多波段同时快速测光：①及时获取致密天体剧烈活动过程中吸积和喷流等物理过程的性质、系统状态和多波段辐射机制；②获得前所未有的从毫秒到天时标的完整光变探测覆盖，发现新的爆发天体，并通过探测光学—紫外光变和X射线光变之间的相关和时间延迟，大致搜索致密天体的特征快速光变如准周期振荡现象和X射线暴；③为空间和地面大型望远镜对机遇触发对象的定点深度观测提供依据。

2. X射线偏振观测

X射线偏振是人们了解天体几何结构和辐射机制的重要手段，然而高灵敏度的X射线偏振探测一直是天体物理学中的空白领域。近年来，随着位置灵敏平面气体探测器的发展，基于光电效应的X射线偏振测量成为可能。以此为原理的X射线偏振探测器可以达到灵敏度1%甚至更低水平，从而能测量宇宙极端物理条件下X射线辐射中的偏振效应，进而可以测量空间磁场分布，验证广义相对论效应和一些基本物理理论。

我国已经开始研制位置灵敏气体探测器GEM，开展基于光电效应的X射线偏振探测技术研究。目前，已经完成模拟计算和物理设计软件、光电子轨迹重建算法的研究，搭建了真空系统、偏振X射线源和探测器系统，并完成了数据采集的研制。该探测技术一旦成熟，将为我国空间天文的发展提供一种重要的实验手段。

3. 空间暗物质探测

目前，天文学家普遍认为，宇宙由23%的暗物质，73%的暗能量和4%的普通物质组成。标准模型只能解释其中的4%。暗物质和暗能量是什么？这是人类面临的最大挑战。对暗物质的探测可分成直接、间接和加速器三个方面。直接探测放在很深的地下，间接探测可以在地面，也可以在太空，其中在太空的探测主要是研究暗物质湮灭产生的次级伽玛光子或带电粒子。暗物质探测卫星的主要科学目标即是在5 GeV～10 TeV能区测量暗物质湮灭的伽玛射线或正负电子信号。

在暗物质卫星的基础上，我国下一步暗物质的空间探测计划采用多种新型探测器技术，本底水平在现有国际最高水平上再降低10倍以上，曝光面积、能量分辨和空降分辨都将得到大幅度提高。为了实现这一目标，一种方案是进一步优化传统的暗物质探测方案，增加主探测器的规模、采用更为复杂和有效的反符合屏蔽技术，以达到提高灵敏度的目的。

最近，我国提出一种基于光纤加ICCD（Intensified Charge - Coupled Device，增强型CCD）读出的新型空间暗物质探测方案。与暗物质空间探测的传统方法相比，该方案有以下两个方面的创新:①传统的暗物质探测实验都有一个相似的设计:它们的底部是一个量能器,好比照相机的底片,用以测量能量,上部好比镜头,用以测量方向,识别粒子。但镜头限制了视场和几何接收因子,增加了重量。该方案针对上述国内外探测器的不足进行优化设计,只有底片,没有镜头,将粒子鉴别和方向测量都溶在底片中,节省镜头重量用于增加探测面积,同时没有镜头限制,扩大了视场。②传统的暗物质实验,由于信号通道数以万计,因此,电子学系统十分复杂,功耗也大。本方案采用"光纤+ICCD"读出方案,大大降低了电子学系统的复杂程度,同时,大大降低了电子学的重量和功耗(以及造价),提高了系统的可靠性。该方案目前处于技术可行性研究的阶段。

从我国空间天文的长远发展来看,我们还需要大力开展空间干涉技术(包括射电、光学和 X 射线等)以及高能量分辨率探测器技术等硬件技术的研究。只有这样,我们才能逐渐扩大空间天文观测的对象和研究的物理过程,将空间天文从一门探索性学科提升为一门常规的具有精密技术和数据基础的学科,实现持续、健康的发展。

## (二)我国空间物理学发展趋势

### 1. 国家对空间物理学的战略需求

(1)空间物理学是前沿领域

空间物理学主要要了解太阳系的空间状态、基本过程和变化规律。宇宙空间是一个地面无法模拟的特殊实验室,不断涌现出自然科学领域数百年来的经典理论所无法解决的新问题,是有待探索、开垦的重大基础科学前沿。日地之间的空间环境涉及诸多物理性质不同的空间区域,如中性成分(中高层大气)、电离成分为主(电离层)、接近完全离化和无碰撞的等离子体(磁层和行星际),以及宏观与微观多种非线性过程和激变过程,如日冕物质抛射(CME)的传播,激波传播,磁场重联,电离与复合,电离成分与中性成分的耦合,重力波、潮汐波、行星波、上下层大气间的动力耦合等,这些都是当代难度很大的基本科学问题。无论从实施的国际日地物理计划、日地能量计划还是正在实施的与星同在计划,以及日地系统空间气候与天气计划等,空间天气研究都是它们组织多学科交叉、协同攻关、去夺取重大原创性新成就的重大科学前沿领域。因此,在《国家中长期科学与技术发展规划纲要》中,将"太阳活动对地球环境和灾害的影响及其预报"列为基础研究的科学前沿问题之一。

(2)国家对空间物理学强烈的实际需求

如地球对流层天气一样,空间环境也常常出现一些突发的、灾害性的空间天气变化,有时会使卫星运行、通信、导航和电力系统遭到破坏,影响天基和地基技术系统的正常运行和可靠性,危及人类的健康和生命,进而导致多方面的社会经济损失,甚至威胁到国家安全。据统计,航天故障率 40%来自空间天气的影响。

进入 21 世纪,中国面临建设自立于世界强国之林的历史重任,发展高科技,实现国防现代化是根本保证。在这种背景下,中国同世界发达国家一样,对空间天气研究产生了十分紧迫的战略需求。载人航天和探月工程是《国家中长期科学与技术发展规划纲要》(以下简称《纲要》)的重大专项。在"十二五"期间,预计将有近百颗卫星发射,载人航天要实现交会对接,发射小型的空间实验室,探月工程实施"绕、落、回"三步走的第二步。然而,卫星故障常有发生，据统计，其中又有约 40%来自空间天气。已有“风云一号”气象卫星、“亚太 2 号”通信卫星所遭遇的失败以及地球“双星”计划中姿控失效，“嫦娥一号”卫星发生单粒子锁定等。重大的灾害性空间天气常给航天器造成严重损伤，甚至使其提前坠落。全球卫星通信、导航定位系统发展迅速，我国也必须发展自己的各类天基技术系统。在“十二五”期间，我国应用卫星、载人航天、嫦娥工程等航天活动日益频繁，航天安全形势更加严峻，空间环境保障需求也更为迫切。

总之，日地空间乃至整个太阳系，是人类开展科学探索、揭示自然规律的重要区域，同时也是人类空间活动最主要的区域。空间物理学是世界各国争相研究的热点学科，也是各国科技实力展示的舞台，更是引领世界科技发展的驱动力。由于伴随人类社会发展的诸多领域如航天、通信、导航等高科技领域和国家安全的强烈需求，进入 21 世纪之后，空间物理学正迅速发展成为国际科技活动的热点。

(3)近期国家对空间物理学新的战略需求

国家颁布《纲要》，将“太阳活动对地球环境和灾害的影响及其预报”列为基础研究的科学前沿问题之一，载人航天和探月工程被确定为国家重大专项，这赋予了空间物理学探测和研究新的责任。

在未来几年里，空间物理学要重点关注日地空间环境，将日地空间天气连锁变化过程的探测和研究作为主攻方向；在太阳活动影响地球空间和人类社会的关键科学问题上，要取得突破性进展；着力提升空间环境的业务服务水平，增强我国航天活动和空间应用的安全保障能力。

根据我国的现状和国际学科发展趋势，未来本学科领域发展布局的主要思路，是立足于中国现状，以美国等主要发达国家作为参照系，突出我国的优势，重点布局，协调发展，建立和完善符合学科发展的体制、机制，大力培育新兴与交叉学科。

### 2. 空间物理学发展方向和优先领域

(1)发展方向

空间物理学发展方向为：①日冕物理学；②日球物理学；③磁层物理学；④电离层物理学；⑤中高层大气物理学；⑥行星空间物理学。

(2)优先领域

在未来 5～10 年，日地空间环境与空间天气领域仍然是优先领域。

(3)科学目标

以日地系统不同空间层次的空间天气过程研究为基础，形成空间天气连锁过程的整体性理论框架，取得有重大影响的原创性进展。

(4)关键科学问题

空间物理学的关键科学问题包括：①太阳剧烈活动的产生机理及太阳扰动在行星际空间中的传播与演化；②地球空间暴的多时空尺度物理过程；③日地链锁变化中的基本等离子体物理过程；④空间天气对人类活动的影响；⑤空间天气建模；⑥空间天气探测新方法、新原理、新手段。

### 3. 空间物理学发展战略

战略思想：面向国际科技前沿，面向国家重大需求。

(1)建设天地一体化的空间环境综合监测体系

建立我国空间物理学探测系列卫星计划,作为国家大型科技平台建设,纳入国家科技发展整体规划。地基探测以子午工程为基础,建设空间环境地基综合观测网(子午工程二期)。

1)天基。

探测系列:2012—2015 年,实施"夸父"计划。2018—2020 年,实施磁层—电离层—热层(MIT)耦合探测计划,与"夸父"计划配合,充分发挥 A 星的科学应用价值。

形成空间天气探测小卫星系列。

利用应用卫星搭载的机会。

2)地基。

实施子午工程二期。

(2)部署一个重大科学研究专项计划

组织重大研究计划,将最充分利用 2010 年建成的子午工程,已成功实施的地球"双星"计划和已计划中的"夸父"计划,地震电磁探测卫星等天基、地基观测,为提升我国未来 10 年跨越进入国际先进水平。

(3)建设数字化近地空间保障平台

以天地一数字化的空间环境综合监测体系为基础,构建我国高空大气和近地空间的无缝隙监测体系,建立我国近地空间的精确、可靠、时变、可快速更新的中高层大气、电离层以及电磁环境等的数字化模式,实现零的突破。

(4)实现我国率先提出的国际子午圈计划

在子午工程的基础上,中国率先提出"国际空间天气子午圈计划"。拟通过国际合作,将中国子午链向北延伸到俄罗斯,向南经过澳大利亚,并和西半球 60°附近的子午链一起,构成第一个环绕地球一周的空间环境地基监测子午圈。

特别值得注意的是在中国、美国、加拿大、日本、俄罗斯及本地区其他国家或地区现有的地磁子午链之间,能建立起最紧密的合作,以弥补全球子午链的部分缺口。同时,它还能与正在实施的"国际与日同在计划"(ILWS)、国际日地系统气候与天气计划(CAW-SEC)、国际日球物理年计划(IHY)等一系列计划有机衔接,从而使我国成为其中的核心贡献国家,对人类科学发展作出贡献。

## (三)我国月球科学和比较行星学发展趋势

随着我国月球探测工程的启动,在深空探测方面也已迈出了第一步,但毋庸置疑,与国外相比,存在的差距还是明显的。随着新地平线冥王星探测器在 2006 年 1 月 21 日的成功发射,人类已经向太阳系内所有 8 大行星和矮行星都发射了探测器。而人类登陆月球、软着陆近距离探测火星等的一系列探测活动都为月球科学与比较行星学的发展注入了强大的动力。因此,尽快开展空间探测来弥补这方面的差距则是一项重要内容。

虽然我国的航天技术发展迅速,但在深空探测领域仍处于起步阶段,无论在探测技术还是科研基础以及人才储备等各个方面都与发达国家存在较大的差距。"嫦娥一号"月球探测卫星虽是我国首个深空探测航天器,但与国外相比,在整星质量、载荷比例、载荷的技术水平、轻小型集成度等方面还存在一定差距。在地面测控方面，为了完成月球探测二期的通讯任务，我国正在黑龙江佳木斯和新疆喀什分别建设 64m 和 35m S/X 双频段地面深空站，采用 X 频段执行测控任务，已经建成口径 50m 的数据接收天线，而美国和欧洲的深空探测网不但拥有 70m 口径的天线，而且其深空网可以实现全球覆盖。此外，我国在运载能力上也与国外有较大差别。目前，运载能力最大的火箭为 CZ—3B，其标准同步转移轨道运载能力为 5019kg，而美国、欧洲和俄罗斯等国家的运载能力均大于这一指标，在入轨精度上也与世界先进水平有一定距离。

1. 陨石学的发展

根据我国空间探测发展战略和国际陨石学研究的发展趋势，未来几年，陨石学的发展：①为了更好地加强陨石收集工作，我国应成立专业的南极陨石收集考察队。②继续加强陨石专业人才培养。③加强天体化学和陨石学研究实验条件的建设，促进和提高陨石研究水平。④继续开展南极陨石的分类命名工作，注重发现特殊类型陨石。进行火星陨石和月球陨石及类地行星的演化、球粒陨石及其早期太阳星云的演化、陨石中冲击相矿物的研究。

2. 重点发展月球科学

根据我国深空探测的现状和国际深空探测的趋势，在未来几年里，月球科学与比较行星学的发展应以月球科学为主。同时，需进一步开展火星探测与比较行星学的研究，主要应包括：继续开展“嫦娥一号”和“嫦娥二号”数据的应用和研究，争取获得具有原创性的科学成果；加紧开展探月工程二期和三期工程的实施，在 2020 年前，将完成采样返回；研究国际深空探测的科学问题和发展趋势，制定深空探测发展战略和科学目标；开展比较行星学的研究。预计在 2020 年前完成采样返回。

3. 我国载人登月的研究与论证

根据我国月球探测发展战略，有关部门和单位开展了载人探月可行性和必要性等的分析和研究。特别地，2009 年中国科学院出现了《创新 2050：科学技术与中国的未来》丛书，在“中国至 2050 年空间科技发展路线图”中提出，预计在 2030 年，中国要实现载人登月。

## （四）我国空间生命科学发展趋势

人类生活在全球化时代。空间科学也成为世界各国共同关心的关键基础科学之一。最近，英国著名物理学家史蒂芬·霍金预言，外星生命是肯定存在的。他认为，外星生命可能存在于宇宙的很多地点，除了各大行星以外，还可能位于某些恒星的中心，甚至漂流在星际空间中。宇宙包含着 1000 亿个星系，每 1 个星系又拥有数亿颗恒星。在这么广阔的区域里，地球当然不可能是生命进化的唯一场所。他说：“我从数学的逻辑来思考，仅仅这些数字本身就表明人类有关外星生命存在的说法是完全合理的。”进而，他认为：“而真正的挑战在于将外星人找出来。”

2009 年，我国空间生命科学开始由原先“空间诱变育种”搭载试验研究，转向以宇宙基础生物学为主的地外生命科学探索。开始启动了中国科学院的“基因芯片技术在地外生命信号探索中的应用研究”及“行星科学实验室轨道地外生命实验箱方案设计”等预研项目。在“实践十号”科学卫星上，一批生命科学实验项目已进行实验，并于“十二五”期间实施；载人航天应用系统通过与德国合作，利用“神舟八号”飞船，论证和启动了一批“空间生物学效应研究”预研项目。科技部第一次将“航空航天科学和生命科学交叉的基础科学研究”列入国家“973”项目指南；国家载人航天工程也将“生命起源与进化研究”和“地外生命探索”作为研究项目征集目标。

2009 年 4 月，在第 30 届国际重力生理学学术会议(ISGP)上，来自世界 30 多个国家和地区的科学家交流了航天医学生理以及动植物微生物的重力学效应研究成果。

2009 年 9 月，在第 18 届空间生命学术研讨会期间，我国科学家就航天员健康与安全、航天医学与生理研究、动植物空间生物学效应与空间变异机理，探索地外生命的技术，以及生物对地外环境的适应性等研究结果和技术方案深入进行了交流。

2009 年 10 月，我国举办第二届全球华人空间/太空天气科学大会的“天气生物效应与安全保障”分会，科学家在总结空间天气研究已取得的成就、空间天气与人类健康有密切的关系，以及国内外相关研究的基础上，提出我国进一步开展空间天气影响航天员和地面人类健康及生物学效应的研究建议。

2011 年 9 月，我国发射“天宫一号”飞行器，实际上是空间实验室的实验版。之后，我国将发射“神舟八号”。“神舟八号”是一艘无人的神舟飞船，与“天宫一号”进行无人自动对接试验。

2015 年前，我国将再陆续发射“天宫二号”、“天宫三号”两个空间实验室。

### (五)我国航天医学发展趋势及展望

航天医学是应用背景非常明确的一门学科，其未来的发展势必与载人深空探测这一世界航天发展的新趋势相契合。未来几年，航天医学空间实验和地基研究将更好地结合起来，促进基础理论不断深入，带动先进防护技术和措施的发展，最终为人类在太空探索中挺进更深远的目标奠定基础。

目前，我国载人空间站已经进入实施初期阶段，航天医学在这一重大战略工程的牵引下，有望进入加速发展期。依托中国航天员科研训练中心的航天医学基础与应用国家重点实验室获科技部批准进入建设期，这充分体现了国家重大科技战略的前瞻布局。国家重点实验室将针对与长期在轨飞行人的安全、健康和高效工作密切相关的问题开展重点研究，从航天医学问题发生的机理和防护措施开展基础与应用研究，实现航天员健康维护理论体系和技术能力的全面提升，为我国空间站建成运行提供充分的理论和技术储备。

我国航天医学下一步研究和发展的重点主要包括：在轨医学监测、在线医疗处置技术研究；失重生理效应防护技术研究；人的作业能力研究；航天环境医学技术研究；心理保障技术研究；医学选拔技术研究；营养保障研究；航天医学空间实验研究；载人登月关键医学问题预研等。

未来几年，随着国家战略需求和对航天医学投入力度不断加大，国内越来越多高水平机构和院所将加入航天医学研究队伍，我国航天医学一定会得到更大的发展。

## (六)我国微重力科学发展趋势

我国微重力科学研究的未来发展将紧密依靠我国载人航天工程计划(包括中长期的空间站计划)和"实践"系列科学实验卫星计划。随着我国空间实验机会的逐步增多,微重力科学将在以下主要方向上开展科学实验研究,并取得一系列科学成果。

在微重力流体物理与燃烧方面,主要开展空间微重力环境中流动物质(液体、气体)性质和运动规律的研究,它与人类空间探索活动紧密相关,如空间流体管理、热能机械、动力推进、防火/灭火、各种类型的空间生命保障系统构建,以及开展生命科学与生物技术实验、空间材料科学实验与空间加工。

### 1. 微重力流体物理主要研究内容和前沿课题

(1)与载人航天和空间探索活动相关应用与应用基础研究

与载人航天和空间探索活动相关应用与应用基础研究主要包括空间应用两相系统(相变与传热,多相流,空间颗粒介质,空间生保系统等)和空间在轨流体管理(低温推进剂,液体与热管理,舱内环境控制等)中流体物理现象和规律的应用与应用基础研究;

(2)与地基科学和先进技术密切相关的基础科学研究

与地基科学和先进技术密切相关的基础科学研究主要包括毛细现象与界面动力学(毛细效应,热毛细流动,浸润与接触动力学等)和复杂流体系统(溶质扩散,胶体流体,颗粒介质,电、磁场作用流体等)中重要基础科学问题的研究。

(3)微重力流体物理学科交叉性研究

微重力流体物理学科交叉性研究主要涉及微重力流体物理与材料科学和空间生命科学与技术研究领域的交叉性研究,如空间材料流体性质及输运过程、生物流体力学等。

### 2. 微重力燃烧主要研究内容和前沿课题

(1)载人航天安全防火工程中的基础和应用基础研究

载人航天安全防火工程中的基础和应用基础研究为载人航天安全防火工程提供科学依据和基础数据。包括非金属材料在微重力条件下的燃烧特性及其影响因素,航天器烟气流动和组分混合规律,强迫对流和气体成分对燃烧的影响,微重力环境中的着火监测和灭火的方法,以及微重力燃烧与地面燃烧间的关联等。

(2)新型、不同品质能源利用的燃烧机理研究

能源领域的发展需要开发更多类型的能源,包括许多较低品质的燃料,如生物质气。必须对这些燃料的燃烧机理进行深入研究,以便对现用工业装置进行改造,或者开发新的应用方式。

(3)传统能源应用中的高效、低污染燃烧应用基础研究

传统能源(包括煤、天然气)的燃烧利用需要进一步提高效率、降低污染,并深入的研究燃烧过程中的基础参数和燃烧机理,为开发地面高效、低污染燃烧装置提供基础。

### 3. 空间材料科学主要研究问题和前沿课题

(1)晶体生长与合金凝固过程中的界面稳定性与缺陷的控制

外场的变化和熔体界面的约束方式直接影响生长界面的生长速度和溶质或杂质、气

泡等分布与逸出，从而引起生长界面的形态演化与缺陷的形成。

（2）熔体的过冷与非平衡相变过程、晶体生长强制有序化机理

空间无容器可以实现大体积熔体的过冷和过冷度的控制，从而可以实现研究过冷熔体的特性、不同亚稳态条件下的相形成选择规律、结构形态演化特征，特别是一些金属间化合物类型晶体生长有可能产生强制有序化。

（3）不同类型体系临界现象、相分离及相聚集行为和普适性

许多体系存在相分离（液—液、液—固、颗粒体系的固—固，等等）现象，相分离体系的临界性质、相界面性质、特征、相间流动都直接影响两相/多相体系相的聚集和粗化过程，相间的相互作用及器壁效应、熵效应是与尘埃等离子体、胶体类体系自组装结晶等过程直接相关联的。

（4）材料制备过程中的热与物质输运控制

合金等熔态体系中化学反应生成的气体其聚集、运动（传输）及控制问题是到目前为止空间材料科学研究缺失的一个重要方面。这类材料物理化学问题在泡沫材料的形成、结构控制与泡沫稳定动力学，未来空基物质的提炼（如冶金）、纯化和焊接等许多重要过程中有应用。

（5）液态金属的磁流体动力学

高温下有由重力引起的浮力及对流与扰动现象，在微重力下的研究能够实现对其本征问题的研究。关键科学问题。液态金属处于一个温度梯度场中，热电效应会引起其流动；若再置于强磁场下，会引起热电磁流体动力学意义下的流动。流动花样的产生与控制，动力学方程的形式，流动行为参数对温度梯度和磁场的依赖关系，微孔介质中的流动行为，等等，都是要关切的问题。

### 4. 空间基础物理科学主要研究问题和前沿课题

（1）超高精度空间时频技术研究

利用空间站微重力环境，研制和运行空间站原子钟系统，获得较当前空间和地面原子钟的准确度和稳定度性能更高的时间频率信号；应用空—地时间频率传递链路，通过空间站原子钟与地面原子钟之间的比对测量，精密测量引力红移、精细结构常数变化以及其他相对论实验检验；应用空—地时间频率传递链路，向地面用户提供空间站原子钟系统的时间频率信号，同步地面原子钟时间，参加国际原子时 TAI 计算；应用空间站原子钟系统的时间频率信号，准确测评卫星导航星载原子钟性能。

（2）空间冷原子物理实验研究

建立空间冷原子物理实验平台，利用该平台进行微重力环境下 BEC 的各种相变、量子涡旋、超流、物质波干涉、长程相互作用、光晶格、BEC 复杂动力学等研究。进一步开展极端条件和天体环境中的物理过程模拟研究，例如超新星爆发、黑洞产生物理过程、强关联 BEC 的新奇量子态等。实验平台系统涉及一系列先进技术，需要冷却原子至 $10\mu K$ 以下。可采用磁光阱、激光冷却方法以及光势阱 BEC 和芯片 BEC。空间实验还涉及超高真空装置、具有自动找频和锁频的激光光学和调控系统、冷原子物理探测系统等。

（3）低温凝聚态物理实验研究

低温凝聚态物理实验主要研究低温或极低温下物质在相变点附近的性质，例如量子

相变，包括超流、超导等现象的研究，以及外加压力或磁场诱导的磁性和超导(超流)、磁有序和非磁性及磁性之间的凝聚相变等。根据物理实验要求不同，低温获取可以采用液氦(杜瓦)，也可以采用机械制冷或其他方法。低温凝聚态物理实验不仅要求微重力条件(包括防震)和低温条件，还要求很高的温度控制精度和压力测量精度，各种测量方法都不能干扰流体(不能带进较强的能流)，要留有较长的实验时间(百小时量级)，还需要发展相应物理量高分辨率的传感器和测量控制方法。

(4)相对论与引力物理研究

开展相对论与引力物理实验研究，例如等效原理实验检验、近距离牛顿万有引力定律实验检验、相关关键技术研究。以等效原理实验检验为目标，发展静电陀螺—加速度计、空间高精度原子干涉仪以及相关的原子操控技术、空间激光技术等。以近距离非牛顿引力实验检验和寻找新的相互作用力为目标，发展超低扰动惯性传感器、弱力测量技术、电荷管理技术、原子陀螺仪等。

综上所述，我国微重力科学研究的科学发展目标是：利用空间微重力环境在物理、化学和生物科学等自然现象的研究上获得新的认识，促进地基新学科的发展；另一方面利用空间研究的关键技术，改进地球上的工业和商业活动，促进地基高科技的发展。开展微重力流体物理与燃烧的理论研究，发展空间热工机械与流体管理、防火等关键技术；激光冷却原子、等效原理等空间基础物理的重大前沿课题研究；空间材料科学研究，发展先进的材料生长工艺和促进开发纳米材料及生物材料等21世纪新材料。

总之，我国微重力科学在"十二五"期间将有一个较好的发展势头。尽早安排"实践十号"微重力科学实验卫星计划，开展二十余项微重力和空间生命科学实验的项目搭载。尽快布局我国"载人空间站工程"的微重力科学应用任务研究计划，并开展相应的地基研究和先前实验准备，争取在2020年前后获得一批微重力科学的空间实验结果。

## (七)我国遥感发展趋势

### 1. 高分辨率卫星遥感系统

中国正着手研发新一代高分辨率对地观测系统，重点发展基于卫星、平流层飞艇和飞机的高分辨率先进观测系统，形成高空间分辨率、高时间分辨率、高光谱分辨率和高精度观测的时空协调、全天候、全天时的对地观测系统，建立对地观测数据中心和应用系统等地面支撑和运行系统，提高中国空间数据自给率。

国防科工局和中国科学院合作成立"高分辨率对地观测系统"重大专项工程中心，负责组织实施中国新一代高分辨率对地观测系统工程建设，将围绕建立中国战略性空间基础设施的目标，统筹建设天基、临近空间、航空、数据中心和应用五大系统，构建天、空、地三个层次观测平台，满足国家经济建设、社会发展和国防建设的战略需求。

高分系统中包含光学成像、高光谱、静止、SAR四类型7颗卫星、20多个载荷，探测谱段范围从可见光、近红外、红外至微波波段，时间分辨率最快可达10分钟覆盖全国范围，到2020年，建成由空、天、地三个层次观测平台的大气、陆地、海洋先进观测体系；建立稳定的运行系统，形成空间信息产业链路。

"高分辨率对地观测系统"专项应用系统开展国家重大应用示范工程建设、行业应用示范项目、国家综合应用和区域应用示范项目，围绕西部大开发、东北振兴、中部崛起、东部发展，服务区域经济发展和主体功能区建设，促进高分辨率对地观测数据和技术成果的普及应用。

2. 航空遥感系统

为满足基础测绘、专业调查、工程勘察以及军事等对高分辨率影像数据的需要，在我国形成一支由军队、通用航空、科研等单位组成的航空遥感队伍。航空遥感技术也在我国许多部门获得广泛的应用，取得了显著的社会、经济效益。我国的航空遥感技术在国际上已占有一席之地。近年来，在国家多个项目计划的支持下，我国自主研发了机载多光谱航空相机系统、大面阵全色 CCD 数字航测相机系统、高分辨率合成孔径雷达系统、成像光谱仪系统、推帚式超光谱成像仪系统、机载三维成像仪系统、热红外成像仪系统等多种对地观测设备，虽在一定程度上缓解了我国对地观测设备对国外技术的依赖程度，但其技术水平和国际先进水平相比还有一定的差距，其工程化程度和可靠性还难以满足各行业业务运行需要；其模块化和通用化程度低，限制了其在各个行业的应用范围。

3. 无人机遥感系统

我国在无人机民用领域也取得了一定的成绩，贵航等单位研制的枭燕-1、枭燕-2 型无人机已尝试应用于小范围遥感测绘、困难和灾害区域监测和救援等领域。

在国家多个项目计划的支持下，我国自主研发了多种对地观测设备，虽在一定程度上缓解了我国对地观测设备对国外技术的依赖程度，但其技术水平，和国际先进水平相比还有一定的差距，其体积、重量、功耗和环境适应能力还很难满足无人机和小型飞机平台的使用要求。以微波遥感的主要设备合成孔径雷达（SAR）为例，国内应用的主要飞行平台仍为军方的无人机，以军事侦察为主，军事测绘和国家基础测绘所需的机载 SAR 系统，目前还未达到可实用化业务运行的水平。

# 参考文献


[1] 刘振兴．地球空间双星探测计划[J]. 地球物理学报，2001，44(4)：573.

[2] 王水．日地系统研究的现状和趋势[J]. 地球物理学报，1996，39(4)：5.

[3] 欧阳自远．太阳系探测及类地行星演化的共性与特性//21 世纪我国地球科学研究的若干重大科学问题．北京：科学出版社，2007.

[4] 欧阳自远，等．绕月探测工程科学应用研究进展．中国科学院院刊，2009(5).

[5] Spergel D N, et al. First-Year Wilkinson Microwave Anisotropy Probe (WMAP) Observations: Determination of Cosmological Parameters, The Astrophysical Journal Supplement Series, 2003: 148, 175.

[6] 顾逸东，吴季．中国至 2050 年空间科技发展路线图．北京：科学出版社，2009.


撰稿人：李喜先

# 专题报告

# 空间天文学进展

## 一、引　言

空间天文学是借助宇宙飞船、人造卫星、火箭和气球等空间飞行器，在高层大气和大气外层空间区域进行天文观测和天体物理研究的一门学科。由于摆脱了地球大气层的影响，以及可以实现多个卫星编队的长基线观测，空间天文学的研究范围可以覆盖从射电、光学到X、伽玛射线的整个电磁波段，对地面可以进行观测的光学和射电波段，可以因此而获得更高灵敏度和更高空间分辨能力的观测结果。近年来，空间天文观测扩展到高能粒子的探测和宇宙线物理的研究领域，成为解决一些基本物理学问题重要手段。自1960年人造卫星上天以来，短短的40年间，全世界共发射了200多颗空间天文卫星，发现了一大批X射线和伽马射线天体，对一些如宇宙伽马射线暴、黑洞辐射等重要天体现象的研究经历了从"雾里看花"到精细观测的重大转变，获得了宇宙加速膨胀的证据等重大科学发现，突破性地推动了天体物理、粒子物理和宇宙学的发展。因为天文观测有高精度定位、高速时变和精确能谱测量，以及因观测流量低而对载荷在重量、体积和探测技术等物理和高技术方面的需求，空间天文成为既受益于又有力地推动着空间科学技术发展的带头学科之一。

本报告在2007—2008年学科发展报告的基础上，重点介绍了X射线天文方面的进展，2009—2010年国内外在空间天文领域的学科发展状况，空间项目的规划及变化情况，以及在研空间项目的进展情况等，为我国空间天文的学科发展规划提供参考。

## 二、国外空间天文的发展形势

### (一)空间天文发展史的简要回顾

空间天文包含三个基本要素：①运载工具，空间飞行器；②满足不同需求不同波段的天文观测仪器；③观测数据获取、分析和科学解释。按照波段不同而伸展的分支学科有红外天文，紫外天文，X射线天文，伽马射线天文，以及传统波段的空间光学天文和空间射电天文。地球大气对空间电磁辐射的不透明度随波长的变化表明，除了光学和射电波段以外，其他波段的电磁波几乎不能穿透地球大气到达地面。为了实现对天体的多波段观测，全方位了解天体的物理性质，超越地球大气，在空间进行天文观测成为天文学发展的必然。

空间天文的历史可以追溯到1945年，二战刚刚结束，在军方的支持下，天文学家开始用搭载在火箭或高空气球上的探测器测量来自于太阳的紫外和X射线辐射。1957年，苏联成功发射第一颗人造地球卫星Sputnik号；1958年，美国国家航空航天局(NASA)成立。从此，空间天文进入卫星观测时代和快速发展时代。本节以发展最快的主要分支X

射线天文学为例，简单介绍空间天文观测的发展历程。

20世纪60年代，用火箭或高空气球作为运载工具，用准直性闪烁晶体或气体探测器，用向源—背景方法实现空间探测。贾科尼(Riccardo Giacconi)领导的小组在1962年7月的一次火箭飞行中发现了天蝎座X—1，这是人类发现的太阳以外的第一个X射线天体，从而开创了X射线天文学。以后相继发现了蟹状星云(Crab)、天鹅座X—1(Cyg X—1)、开普勒超新星遗迹(Kepler SNR)、银河系中心等亮X射线源，并对其X射线光变性质进行了的研究。1967—1972年，美国发射的用来监测地球核爆实验的卫星Vela 4A和Vela 4B意外地发现了来自宇宙的伽玛射线暴，引发近40年来科学家持续不断地对宇宙伽玛射线暴的一系列观测和产生机制的深入研究。

20世纪70年代，以发现新的X射线点源为目的，开始研制专用小型天文卫星，用准直型气体或闪烁体探测器实现巡天观测，NASA在1970年12月12日发射的自由号(Uhuru)是第一个这样的X射线天文卫星。期间还有英国的羚羊5号。Uhuru共发现了339个宇宙X射线点源，包括X射线双星、脉冲星、超新星遗迹、活动星系核、星系团、宇宙弥散X射线背景等，大大加深和拓宽了人类对一个以发射X射线为主的宇观世界的认识[1]。1977年美国高能天体物理观测站1号(The First High Energy Astrophysics Observatory，HEAO—1)发射升空。HEAO—1上装有4种探测器，其中的A1探测器面积比Uhuru大了约一个数量级，在X射线光变的研究上具有很强的能力，第一次研究了黑洞候选体Cyg X—1毫秒时标上的光变现象，HEAO—1还精确地测量了3～50 keV的宇宙弥散X射线背景辐射的能谱，直至现在仍是最精确的测量结果之一。以后，X射线聚焦成像技术开始应用于空间，1978年12月12日美国高能天体物理观测站2号(HEAO—2)发射升空，发射成功后，更名为“爱因斯坦”(EINSTEIN)卫星。自那次以后，每当一个欧洲或美国的天文卫星发射成功，这颗卫星就被以一位知名科学家的名字命名，以示纪念。“爱因斯坦”卫星上第一次使用了掠射聚焦成像X射线望远镜，不仅大大提高了对点源的观测灵敏度，而且首次实现对天区的软X射线成像的观测。“爱因斯坦”卫星发现了数以千计的软X射线源，获得了超新星遗迹、星系团等的X射线图像，发现了活动星系核的X射线喷流、星系团的冷流等天体性质和现象。2002年，贾科尼作为开创X射线天文学的代表人物获得诺贝尔物理学奖。

20世纪80年代，空间X射线探测的重点是利用较高灵敏度的X射线卫星对一些已发现的X射线特定天体实现较长时间的定向观测、进行专题研究。1983年，欧洲发射了欧洲X射线天文卫星(European X—ray Observatory Satellite，EXOSAT)，EXOSAT的主要科学成果是发现了X射线双星的准周期震荡现象，这是X射线双星最重要的时变特征之一，其起源可能和吸积盘的不稳定性、黑洞对周围时空结构的影响有关。1987年，日本发射“银河”(Ginga)X射线天文卫星，其主探测器是有效面积为4000$cm^2$的正比计数器，覆盖1.5～37 keV的观测能区。Ginga卫星发现了一批暂现的黑洞X射线双星并研究了它们的能谱特性；发现了几个中子星X射线双星上的磁回旋共振线，并据此测定中子星表面的磁场；发现了银河系中心区域存在强的铁Kα线辐射，因此提出对高温气体产生和约束机制的疑问[2]，这一疑问直到在“钱德拉”(Chandra)卫星上天后才得以部分解决，Chandra发现银心区的大部分铁Kα线辐射来自于暗弱X射线点源[3]。

20世纪90年代，一批大型、复杂、高性能的X射线天文卫星陆续升空运行，从而大大拓宽了X射线天文学的观测范围和观测数据质量。1990年6月，伦琴X射线天文卫星(Roentgen Satellite，ROSAT)发射[4]。ROSAT具有高成像分辨率、低噪声水平和较大的探测面积。ROSAT巡天发现了超过15万个X射线天体，将X射线天体的数量增加了几十倍；观测得到了超新星遗迹和星系团的细致结构，对激波与星际物质的相互作用、星系团的演化和暗物质研究等提供了重要的数据；发现了孤立中子星的X射线辐射，大大加深了对中子星内部的物态和冷却机制的了解；发现了彗星的X射线辐射，由此提出通过电荷交换发射X射线的机制。1991年4月，康普顿伽玛射线天文台(Compton Gamma—Ray Observatory，CGRO)上天。CGRO总重量约17t，包括暴发及暂现天体实验(BATSE)、定向闪烁晶体光谱仪实验(OSSE)、成像康普顿望远镜(COMPTEL)和高能伽玛射线实验望远镜(EGRET)四大仪器，是继1990年发射哈勃空间望远镜之后NASA的第二个大型空间天文卫星项目。

BATSE把探测到的宇宙伽玛射线暴的数量增加到2000个以上，发现这些暴在空间均匀分布，从而基本确定了宇宙伽玛射线暴起源于银河系外。BATSE的首席科学家杰拉尔德·费什曼(Gerald Fishman)因此分享了2011年度邵逸夫天文学奖。COMPTEL首次进行了1～30 MeV的成像观测，得到银河系铝同位素($^{26}$Al)核谱线发射的分布，发现其与大质量恒星形成区的分布相关。EGRET则使高能伽玛射线点源的数量从10个以下增加到几百个，其中包括脉冲星、活动星系核和大批未知类型天体。1993年，日本发射宇宙学与天体物理先进卫星(The Advanced Satellite for Cosmology and Astrophysics，ASCA)。ASCA是首个同时具有宽波段成像能力、高能量分辨率和大有效面积的X射线卫星，它发现了活动星系核的宽的铁Kα发射线，从而找到一个探索AGN中心引擎和强引力场的方法；观测到了来自超新星遗迹SN 1006壳层的非热X射线辐射，确认超新星遗迹可以加速膝区能量以下的宇宙线[5]；同时还测定星系团中重元素的丰度，与II星超新星(核塌缩型超新星)起源一致；此外还对相接双星、活动恒星的冕进行了高分辨率的光谱研究，得到了一批新的结果。1995年12月，NASA发射罗西X射线时变探测者(The Rossi X—ray Timing Explorer，RXTE)。RXTE卫星具有大的灵敏面积和较低的本底，在天体(特别是X射线双星)的时变特性研究中做出了重要贡献。RXTE发现中子星X射线双星系统存在上千赫兹的准周期震荡现象，把吸积盘的内半径推进到中子星表面附近[6]。利用RXTE卫星的观测数据，人类首次测量了黑洞的X自转角动量，发现了黑洞和中子星对周围时空的拖曳效应。RXTE卫星至今仍在运行。1996年4月，意大利X射线天文卫星BeppoSAX发射，这个推迟了较长时间的项目上天后仍取得了重要成果。1997年2月28日，BeppoSAX卫星发现了伽玛射线暴GRB970228的X射线余晖，给出了其精确的位置，并进而导致其光学余晖的发现[7]。这一结果以及后续对伽玛射线暴光学余晖的观测证实，伽玛射线暴确实起源于遥远的宇宙深处。意大利科学家恩里科·科斯塔(Enrico Costa)也因此分享了2011年度邵逸夫天文学奖。

综上所述，经过30年的发展，X射线天文学在20世纪90年代进入了一个蓬勃发展的时期，空间探测设备从简单的巡天型的探测器发展到更为复杂、昂贵和大型的天文观测平台，相关的观测目标和科学主题也日渐丰富。1999年7月，美国发射钱德拉X射线天文台(Chandra X—Ray Observatory,Chandra,发射前名为 AXAF)。1999 年 12 月,欧洲发射 X 射线多镜面望远镜(X—Ray Multi—Mirror Mission,上天后被命名为 XMM—Newton)。这两台迄今为止最为先进的 X 射线望远镜仍在运行,和其他后来发射并仍在运行的卫星一起,为 X 射线天文学带来了空前的繁荣。

## (二)正在运行的主要空间天文卫星及其主要科学成果

表 1 列出了目前正在运行的 21 颗空间天文卫星,其中 X 射线天文卫星 6 颗,红外和光学卫星各 4 颗、伽玛射线和射电卫星各 3 颗、紫外卫星 1 颗。

**表 1 正在运行的空间天文卫星**

| 序号 | 卫星/飞行器 | 发射时间 | 建造国家/组织 | 参加国家/组织 | 波段/目的 |
|---|---|---|---|---|---|
| 1 | Hubble Space Telescope | 1990 | 美国 | 欧空局 | 光学天文台 |
| 2 | RXTE | 1996 | 美国 | | X 射线天文卫星 |
| 3 | SWAS | 1998 | 美国 | | 亚毫米波空间天文卫星 |
| 4 | Chandra | 1999 | 美国 | 欧空局 | X 射线天文台 |
| 5 | XMM - Newton | 1999 | 欧空局 | 美国 | X 射线天文台 |
| 6 | WMAP | 2001 | 美国 | | 宇宙微波背景辐射天文卫星 |
| 7 | INTEGRAL | 2002 | 欧空局 | 俄罗斯 | 中能伽玛射线天文台 |
| 8 | Suzaku | 2003 | 日本 | 美国 | X 射线天文 |
| 9 | GALEX | 2003 | 美国 | | 远紫外天文 |
| 10 | Spitzer Space Telescope | 2003 | 美国 | | 红外天文台 |
| 11 | Swift | 2004 | 美国 | 英国、意大利 | 伽玛射线暴多波段天文卫星 |
| 12 | CoRot | 2006 | 法国 | 欧空局多国 | 恒星精密测光 |
| 13 | MOST | 2006 | 加拿大 | | 恒星精密测光 |
| 14 | AKARI | 2006 | 日本 | 英国 | 红外天文卫星 |
| 15 | AGILE | 2007 | 意大利 | | 高能伽玛射线天文卫星 |
| 16 | Fermi - GLAST | 2008 | 美国 | 德国、日本 | 高能伽玛射线天文台 |
| 17 | Herschel | 2009 | 欧空局 | 美国 | 红外天文台 |
| 18 | MAXI | 2009 | 日本 | | 国际空间站 X 射线巡天实验 |
| 19 | Planck | 2009 | 欧空局 | 美国 | 宇宙微波背景辐射天文卫星 |
| 20 | WISE | 2009 | 美国 | | 红外巡天小型天文卫星 |
| 21 | Kepler | 2010 | 美国 | | 恒星观测,寻找类地行星 |
| 22 | RadioAstron | 2011 | 俄罗斯 | 欧洲多国、美国 | 空间射电 VLBI |

下面，以 WMAP、Spitzer、Hubble、Chandra 和 Fermi 5 个具有代表性的卫星的科学成果为例，介绍空间天文在射电、红外、可见光、X 射线和伽玛射线波段的进展。

1. 威尔金森微波各向异性探测卫星 WMAP

威尔金森微波各向异性探测卫星（Wilkinson Microwave Anisotropy Probe，WMAP）2001 年 7 月由 NASA 发射升空，2010 年 10 月停止工作。其主要科学目标是进行宇宙学的基本测量。WMAP 的观测革新了人类对宇宙的认识，使宇宙学从猜想进入精确科学的时代[8]。2000 年以来，在整个物理学和天文学领域，引用率最高的三篇论文都是 WMAP 的学术论文。WMAP 取得的主要科学成果如下：

1)得到了第一幅高分辨率(0.2°)的微波天图。

2)将宇宙的年龄确定为 137.3 亿年，误差小于 1%。

3)将空间的曲率确定为小于 1%，和以往最好的结果相比提高了一个数量级以上。

4)测量出宇宙中普通重子物质的含量只有(4.6±0.1)%，暗物质占(23.3±1.3)%，而暗能量占(72.1±1.5)%。

5)得出了全天的微波偏振图像，并发现宇宙的再电离时间比以往认为的要更早。

6)发现宇宙最初 $10^{-12}$ 秒内确实存在暴涨过程，但是排除了以往有关这一过程的几个广为接受的模型。

7)发现除了宇宙微波背景辐射的随机的涨落之外，还存在偏离简单随机过程的迹象。如果这些偏离最终被证实，将是宇宙早期新物理的重要信号。

2. 斯皮策空间望远镜

斯皮策空间望远镜(Spitzer Space Telescope，Spitzer)是 NASA 在 2003 年 8 月 25 日发射的一台红外望远镜，与哈勃空间望远镜、康普顿伽玛射线天文台、钱德拉 X 射线天文台一起并称为 NASA 的 4 个巨型天文台(Great Observatories)。Spitzer 上直径为 85cm 的望远镜系统被用液氦冷却到-267.8℃以下，以降低望远镜本身的红外辐射，提高观测灵敏度[9]。在 2009 年 4 月液氦用完之后，Spitzer 开始在温热状况下工作。作为一台通用的红外成像和光学望远镜，Spitzer 的研究对象包括恒星、形成行星的星盘、地外行星以及星系和宇宙的起源等。

科学家利用 Spitzer 进行了以下研究工作。

(1)恒星形成

如雨滴形成一样，恒星由气体和尘埃云塌缩形成。因此，在恒星处于原初和婴儿期的时候，往往是被厚厚的宇宙尘埃所遮蔽，大部分望远镜都看不见它们。但是这些形成早期的恒星发出的红外辐射却可以穿透尘埃和星际气体，Spitzer 望远镜因此对于形成过程中的恒星及其周围环境进行了大量高灵敏度的观测，提供了大量有关恒星形成过程的直接信息。

(2)星盘与行星

当一个恒星在星云中形成之初，它会高速旋转。环绕着这个新诞生恒星的尘埃和气体物质也随之旋转，形成一个扁平的盘，这个盘中的物质最终会形成行星、小行星和彗星。天文学家认为，如同滚雪球一般，在漫长的时间里，小的尘埃颗粒会形成大的团块，其中的一些团块会相互碰撞形成更大的团块，再进一步碰撞并合形成类似于地球这样的岩石行星或类似于木星的气态行星，未形成行星的部分大团块则形成小行星或彗星。相对于行星、小行星和彗星，恒星盘的面积大得多，它们吸收恒星本体发出的辐射，再在红外波段发射出来，随着盘物质离恒星本体的距离增加，温度会逐渐降低，红外发射的平均能量也降低。Spitzer 望远镜通过观测星盘的亮度和能谱，就可以得到盘的结构和年龄的信息，也可以得到行星形成过程的信息。利用 Spitzer 望远镜，天文学家研究了绝大部分临近恒星的类地行星，并发现生命存在的可能性要远高于以前的估计。Spitzer 望远镜还发现，在已死亡恒星和年龄只有上百万年的年轻恒星的周围，也可能正在形成行星，说明行星的形成过程远比以往认为的复杂。

(3)地外行星

Spitzer 是第一台能够探测地外行星辐射的望远镜，从而可以使地外行星能够被直接研究和比较，开辟了行星研究的新时代。在 Spizter 之前，对地外行星的研究只能是根据行星围绕恒星旋转而引起的恒星晃动，或者是掩食恒星导致恒星亮度变化来测量行星的大小和质量。而 Spitzer 则通过测量一颗行星被恒星遮挡前后的光谱差异，得出了行星的红外光谱，使得对这些遥远行星的温度、星风和大气成分的分析成为可能。2007 年，Spitzer 观测了类似于木星的气态行星 HD189733b(距离地球约 50 光年)。HD189733b 距离其母恒星 HD189733 的距离只有地球到太阳距离的 1/20，因为潮汐力的作用，该行星的自转角速度和公转角速度相同，总是其中的某一半被母恒星所照射，就如月球的自转角速度和其绕地球公转的角速度相同，我们看不到月球背面一样。在这样的情况下，一个核心的科学问题是，该行星的大气能否将能量从白天面运输到黑夜面？如果没有一种有效的能量输运机制或者全球大气运动机制，两个半球的温度将会有非常巨大的差别。科学家通过分析 Spitzer 的观测数据，发现 HD189733b 的表面温度(或红外辐射强度)相差并不大，黑夜面的温度最低的地方为 97333 K，白天面的最高温度为 121211 K，说明行星上存在剧烈的大气运动[10]。

2010 年，天文学家进一步通过地面望远镜得到了 HD 189733b 的高精度红外光谱，证实该行星的气体中含有水、甲烷、二氧化碳、一氧化碳等成分，而且它的大气和太阳系的行星大气一样，往往处于非局部热动平衡状态[11]。

(4)星系和宇宙的起源

来自绝大部分星系的红外辐射主要来自于三种途径：恒星、星际气体、尘埃。Spitzer 可以让天文学家知道哪些星系在疯狂地形成恒星，找到孕育恒星的场所，并确定恒星大量形成的原因。通过观测银河系，Spitzer 找到了新的恒星形成的场所，为天文学家理解银河系的结构提供了重要的线索。极亮红外星系超过 90% 的辐射集中在红外波段，而且主要是位于宇宙深处，Spitzer 可以确定红外辐射主要是起源于星系中的剧烈的形成活动，还是起源于中心的超大质量黑洞，对于了解这些星系的物理性质发挥了重要作用。

### 3. 哈勃空间望远镜

哈勃空间望远镜(Hubble Space Telescope，HST)于 1990 年上天，是人类迄今为止研制的最为卓越的科学研究仪器之一。由于没有大气闪烁的影响，哈勃望远镜的空间分辨率可以达到 0.1 角秒，比地面望远镜高一个数量级左右。哈勃望远镜上天的 20 年间取得了一系列重大的科学发现。2010 年 4 月，在庆祝哈勃望远镜上天 20 周年时，空间望远镜研究所评出哈勃望远镜的 5 项重要成果。

(1)精确测量宇宙年龄

1999 年前,天文学家估计的宇宙的年龄为 70 亿年～200 亿年。哈勃望远镜的观测将宇宙的年龄确定为 90 亿～140 亿年。利用 WMAP 的数据,人们进一步推测宇宙的年龄为(137±2)亿年。

(2)发现星系的中心普遍存在超大质量黑洞

哈勃望远镜的高分辨率成像观测和光谱分析,发现几乎每个大的星系中心都有一个超大质量黑洞,黑洞的质量和星系的质量成正比,说明黑洞的形成和其寄主星系的形成紧密相连。

(3)完善了行星形成的整个链条

形成行星的第一步就是将轻的和蓬松的星尘凝固形成团块,这是科学家急切希望但一直未能看到的。哈勃望远镜对新诞生的恒星的观测发现星周气体和尘埃的分布逐渐变得扁平,密度逐渐增大,从而允许物质逐渐凝集成块,解决了行星形成的关键问题。

(4)在系外行星中发现了有机分子

在距离太阳系 67 光年的狐狸座中,哈勃望远镜发现一个木星大小的系外行星的大气中存在甲烷分子。这一发现对于探索地外生命的存在具有突破性的意义。

(5)发现暗能量存在的证据

Ia 型超新星具有一致的峰值光度,是目前已知测量星系距离的最为准确和可靠的标准烛光。哈勃望远镜通过观测位于遥远星系中的 Ia 型超新星遗迹,发现随着红移(距离)的增加,星系远离的速度在加速增长,即宇宙的膨胀越来越快,说明宇宙中存在神秘的暗能量。

4. 钱德拉 X 射线天文台

钱德拉 X 射线天文台(Chandra X—ray Observatory,Chandra)是 NASA 继 Hubble 和 CGRO 后发射的第三个巨型空间天文台。其突出特点是在 X 射线波段实现了 0.5 角秒的成像分辨率,可以和一般的光学观测相媲美,同时 Chandra 采用的 X 射线 CCD 又有较高的能量分辨率,因此非常适合于进行暗弱点源的搜寻和高空间分辨的能谱分析。Chandra 还有低能和高能的透射光栅,用于对亮源的高光谱分辨观测。Chandra 卫星的主要科学成果如下①:

(1)发现脉冲星的高能粒子环和喷流

Chandra 对蟹状星云脉冲星和其他年轻脉冲星系统的成像观测表明,脉冲星的星风云多呈现出漂亮的亮环和喷流结构,说明高速旋转的脉冲星会在赤道和两极方向加速产生强大的高能粒子流,这为脉冲星磁球结构和自转能损机制的研究提供了重要的观测依据。

(2)年轻的类太阳恒星的活动

Chandra 对猎户座星云中的年轻星团的深度观测表明,年龄在百万年到千万年之间的年轻类太阳恒星会产生剧烈的 X 射线爆发,其频率远高于年龄为 4.6 亿年的太阳。

---

① 参见网址 http://chandra.harvard.edu/

(3)超新星和超新星遗迹

Chandra 的高空间分辨率图像和较好的能量分辨率使得科学家能够深入地研究超新星遗迹中的激波与周围物质的相互作用,了解激波加速宇宙线的过程,追踪爆发抛射的重元素的分布及其运动,从而探索超新星的爆发机制以及前身星的物理性质。

(4)发现了质量最大的恒星级黑洞

天文学家利用 Chandra 在 M33 星系中发现了一个围绕着 70 倍太阳质量的恒星旋转的黑洞,黑洞质量达到了 16 倍太阳质量,是目前发现的质量最大的恒星级黑洞。这样一个大质量的双星系统对传统的黑洞形成理论提出严峻的挑战:由于黑洞前身星的寿命比 70 倍太阳质量的伴星寿命更短,因此具有更大的质量;而这样一个大质量恒星的半径会大于现在双星之间的距离。根据已有的理论,在分享公共的外层大气的同时,两个伴星之间的距离会被拉得更近;这一过程将导致双星系统大量的物质损失,以至于无法形成一个 16 倍太阳质量的黑洞。

(5)发现银河系中心黑洞的 X 射线耀发

Chandra 发现了银河系中心黑洞 Sgr $A^*$ 的 X 射线耀发,在耀发过程中,X 射线的流强在 10 分钟之内下降了 5 倍,然后几乎以同样的速度恢复。如此快的光变时标说明,Sgr $A^*$ 周围的热气体集中在小于一个天文单位的区域,而同样质量黑洞的视界只是比这一尺度小 20 倍,因此证明 Sgr $A^*$ 只能是一个黑洞。

(6)发现双黑洞

Chandra 对星暴星系 NGC6240 的观测发现在星系的中心存在两个明亮的 X 射线点源。此前,在射电、红外和光学的观测中,已经发现这两个点源,但是他们的性质并不清楚,X 射线辐射的发现证明它们只能是两个超大质量黑洞,彼此相距 3000 光年。双黑洞的发现强烈地表明超大质量的黑洞的增长是由与其他黑洞的并合形成的,黑洞寄主星系的并合同时也引发了剧烈的恒星形成活动。

(7)探测到黑洞活动对星系团的影响

在著名的英仙座星系团中,Chandra 卫星发现了从内向外传播的类似声波的结构,这些声波结构是中心超大质量黑洞的爆发形成的,频率非常低,比人能听到的声波频率低 $10^{15}$ 倍。长久以来人们一直困惑的是,在过去的 100 亿年里,英仙座星系团中心的气体为什么没有冷却形成恒星。星际声波的发现可能解决了这一问题,即当声波穿越气体时,会将能量转换成热能,从而维持星系团气体的高温。

(8)发现了大批被尘埃遮挡的黑洞

Chandra 卫星在南天的一个区域进行了极深度的观测,发现了大量低能光子被吸收的暗弱黑洞,从而证明大量年轻的大质量星系存在被严重遮挡的活动星系核的猜想。

(9)发现暗物质存在的直接证明

Chandra 卫星拍摄的星系团 1E0657 - 56(因其形状被称为“子弹星系团”)的图像表明,热气体(普通重子物质)明显和用引力透镜效应测量的星系团的物质是分开的,这说明星系团的大部分物质是“暗”的,从而构成星系团中存在暗物质的最直接证据。

### 5. 费米伽玛射线空间望远镜

费米伽玛射线空间望远镜(Fermi Gamma—ray Space Telescope,Fermi)于 2008 年 6

月 11 日由 NASA 发射，工作能区 10 keV～300 GeV，用于研究来自于各种极端天体物理过程的伽玛射线辐射。与康普顿伽玛射线天文台 CGRO 上的探测器 EGRET 相比，Fermi 的主仪器——大面积望远镜（Large Area Telescope，LAT）的能区扩展了 10 倍，面积增加接近 5 倍，视场增加 3 倍，角分辨率提高近 40 倍，因此灵敏度提高了约 15 倍。Fermi 的主要科学目标包括：①探索具有极高能量的粒子和光子的宇宙天体；②寻找新的物理规律以及神秘的暗物质的成分；③解释黑洞如何将喷流加速到接近光速；④协助解决伽玛射线暴的能量来源问题；⑤回答从太阳耀斑，脉冲星到宇宙线起源的一直未能解答的问题。

在运行的第一年中，Fermi/LAT 就探测到 1.5 亿个高能伽玛射线光子，与此对照，CGRO/EGRET 在 9 年的运行中观测到 150 万个高能伽玛光子，而第一代的伽马射线卫星 COSB 在 7 年的时间内只测到 20 万个高能光子。COS－B 证认了 20 多个银河伽马射线点源，EGRET 在 9 年间探测到 271 个伽玛射线点源，而 Fermi/LAT 前两年的观测就发现了 1873 个源，由于位置精度很高，大部分都得到了证认，极大地拓宽和加深了人类对伽玛射线星空的认识。

（1）脉冲星

Fermi 上天之前，被证实的伽玛射线脉冲星只有 7 颗，而今 Fermi 探测到的伽玛射线脉冲星已达 83 颗。Fermi/LAT 的高灵敏度使得对脉冲星伽玛射线能谱和脉冲轮廓的详细研究成为可能。在 Fermi 发现的脉冲星中，有几十颗是通过对伽玛射线观测数据的周期搜索发现的，其中绝大部分没有发现射电辐射。此外，Fermi 的观测证实毫秒脉冲星是一类重要的伽玛射线辐射天体，对 Fermi 伽玛射线源的后续观测也发现了大批毫秒脉冲星。这些观测对我们研究脉冲星的伽玛射线辐射性质以及银河系内脉冲星的类型提供了具有重要价值的数据。

（2）弥散伽玛射线辐射

Fermi/LAT 测量了 200 MeV～100 GeV 的弥散伽玛射线的能谱，发现是一个没有结构的幂律谱，而且远较 EGRET 测量的能谱要软[12]。这一差别产生的原因可能是 EGRET 过高地估计了 1 GeV 以上的流强。另外，非常重要的是，Fermi/LAT 的能谱中没有 EGRET 发现的一个 3 GeV 以上能区的峰，这个峰曾被认为是可能与暗物质湮灭辐射有关。

（3）新的 GeV 伽玛射线辐射天体

除了脉冲星、BL Lac 天体和类星体等已知的 GeV 辐射天体外，Fermi/LAT 的观测还发现了多个新的 GeV 天体类型。银河系内的新 GeV 辐射天体包括球状星团、大质量 X 射线双星、超新星遗迹、脉冲星星风云以及可能的暂现源；河外的包括星暴星系和射电星系等。这些天体 GeV 辐射的发现，对研究其中的粒子加速机制、物质组成和分布等物理性质提供了重要的物理限制。

（4）伽玛射线暴

在前两年时间里，Fermi 的伽玛射线暴（GRB）监视器 GBM 探测到约 500 个 GRB，其中有约一半落入了 LAT 的视场，而 LAT 探测到了约 20 个 GRB。LAT 对 GRB 的探测提供了在跨越 7 个数量级的能量范围内研究其能谱的机会，并发现大致存在两类特征：一类如 GRB 080916C，其能谱可以用一个简单的幂律谱拟合，说明存在同一类物理机制主导了宽波段范围的辐射过程;另一类如 GRB 090510,需要增加一个额外的成分拟合高能段的超出,说明其相应的物理过程更为复杂。

(5)蟹状星云

蟹状星云是 1054 年超新星爆发的产物,是天空中最重要的天体之一,一直被作为辐射通量和能谱都恒定的标准天体用于各种高能探测器响应函数的标定。但是,从 2009 年开始 Fermi 和意大利的 AGILE 卫星发现蟹状星云在 100 MeV 以上的能区出现了几次伽玛射线耀发,其中 2011 年 4 月 12 日的一次耀发中,蟹状星云的辐射通量增加了 30 倍。蟹状星云出现如此大的 MeV 耀发,打破了人们一直认为蟹状星云及其脉冲星非常恒定的概念,其爆发的机制更是让人们非常困惑,也许是源自于离中子星不远处的磁场重构,但到底发生了什么,迄今仍无法知晓。

## (三)规划中的国外空间天文项目

今后几年,国际上还陆续有几个重要的空间天文卫星发射运行,基本上每年发射运行 2~3 颗,如表 2 所列。由于国外空间天文卫星的寿命一般都在 5~10 年,甚至很多都能够达到 20 年,所以今后若干年太空中将维持大约 20 颗空间天文卫星同时运行的局面。除美国继续在空间天文领域起领导作用之外,国际空间天文的发展逐渐呈现多元化的格局,美国一家独大的局面可能会有所改变。近年来,日本和俄罗斯的重要性越来越突出,印度也可能成为发展中国家中第一个拥有天文卫星的国家(印度曾经发射过一个天文卫星,但是由于运行寿命很短,科学成就不突出)。从观测波段上说,空间高能天文(X 射线和 $\gamma$ 射线)卫星约占天文卫星总数的一半左右,说明这个领域将继续主导国际空间天文卫星计划。

**表 2 各国卫星今后几年的预计发射情况**

| 序号 | 卫星飞行器 | 预计发射时间 | 国家 | 参加国家/组织 | 波段 |
|---|---|---|---|---|---|
| 1 | ASTROSAT | 2012 | 印度 | 英国、加拿大 | 宽波段 X 射线天文卫星 |
| 2 | NuSTAR | 2012 | 美国 | | 硬 X 射线天文卫星 |
| 3 | Spectrum - Roentgen - Gamma | 2012 | 俄罗斯 | 德国 | X 射线巡天望远镜 |
| 4 | WSO - UV | 2012 | 俄罗斯 | 欧洲多国、中国 | 紫外天文台 |
| 5 | VSOP - 2 | 2012 | 日本 | 美国 | 空间射电 VLBI |
| 6 | NeXT | 2013 | 日本 | 美国 | 硬 X 射线天文卫星 |
| 7 | GEMS | 2014 | 美国 | 芬兰 | 国际首个 X 射线偏振测量望远镜 |

值得一提的是,在以上项目中,NuSTAR 和 NeXT 都是采用聚焦成像技术的硬 X 射线望远镜,其灵敏度比现有卫星高 10~100 倍,将极大地推进对活动星系核的宇宙学演化、超新星爆炸及元素核合成、宇宙线起源等方面的研究。NeXT 卫星还携带了微量能量探测器,可以实现几个电子伏的能量分辨,其获得的高分辨能谱可用于细致地诊断等离子

体的电离态、研究物质的运动以及黑洞的广义相对论效应等等。采用聚焦成像技术实现在硬X射线能区的高灵敏度观测，将是硬X射线天文观测的发展方向。

詹姆斯·韦伯空间望远镜(James Webb Space Telescope,JWST)是计划中用于接替哈勃空间望远镜的红外线空间望远镜，由NASA和ESA共同出资建造。此项目曾经被称为"新一代空间望远镜"(Next Generation Space Telescope)，2002年以美国宇航局第二任局长詹姆斯·韦伯的名字命名，以纪念詹姆斯·韦伯担任局长期间(1961—1968)领导阿波罗计划等一系列美国重要的空间探测项目。JWST主镜的直径达到6.5m，采用发射时处于折叠状态，入轨后展开的技术方案，聚光面积25m$^2$。JWST的主要科学任务是研究早期宇宙，由于早期宇宙的红移较大，因此JWST的主要探测器都工作在红外波段。与哈勃空间望远镜位于近地轨道不同，JWST位于距离地球150万km的第二拉格朗日点上，重力相对稳定，故相对于邻近天体来说可以保持不变的位置，不用频繁地进行位置修正，可以更稳定的进行观测。JWST原计划于2014年发射升空。

2011年7月，美国众议院拨款委员会发布公告，NASA的经费在上一财政年度的基础上消减16.4亿美元，其中JWST的经费被全部砍掉，JWST因此面临被众议院取消的风险。JWST是人类建造的最富有想象力的空间望远镜，虽然部件已经完成，正在开始组装，但后续的技术挑战和经费需求仍然难以估计，也因此导致其本身前途的不确定。

国际X射线天文台IXO(International X—ray Observatory,IXO)由美国主导的Constellation—X天文台和欧洲主导的XEUS天文台合并而成，计划取代目前正在运行的美国的Chandra和欧洲的XMM—Newton，原计划于2021年发射运行，设计工作寿命至少10年。

IXO由约3m口径和20m焦距的X射线望远镜光学系统，加上配备完整的6个焦平面探测器系统组成，将具有前所未有的综合科学能力。其有效面积和能量分辨率等综合技术指标将远远超越以前所有的空间高能天文卫星。IXO将研究的科学问题涉及从恒星到类星体、从星系和黑洞到暗能量和太阳系外行星等一系列很广泛的主题，其首要科学主题将是极端条件下的物质，比如处于黑洞极强引力场中的物质或者处于中子星核心区的物质，其他科学主题包括宇宙的起源和组成，宇宙中各种元素的形成和如何通过恒星、宇宙爆发和粒子加速传播和扩散等等一系列重要的物理和天文问题。

尽管IXO是一个十分激动人心的巨大的科学项目，但是IXO将使用一系列新的X射线光学、X射线探测器、伸展光学系统和新的卫星技术，造价预计达50亿美元。2010年，美国发布《天文学和天体物理学10年评述》报告，IXO被列为被推荐空间项目的第四(最后一位)。评委会在肯定其科学意义的前提下，指出其存在高技术风险和巨额预算。由于美国NASA经费的限制，IXO确定将无法在2020年之前正式立项。ESA已经在考虑新的规模更小的X射线卫星方案，用于补充IXO无法上天带来的空缺。

JWST和IXO均是雄心勃勃的空间天文卫星计划，设计精巧，性能优良，但随之带来的问题是技术难度和经费需求大，进度难以控制。JWST和IXO目前面临被取消或延迟的危险，预示着未来的空间天文望远镜不仅要追求高的性能指标，更要考虑经费预算和技术成熟度的问题。

## 三、我国空间天文的近期发展状况

国内空间天文探测技术的发展主要是在高能天文探测领域。中国的高能天文观测起步于20世纪70年代，和大的科学装置的发展紧密相连。中国科学院高能物理研究所和紫金山天文台都曾经用高空气球载X射线望远镜对天体的高能辐射进行过观测研究。2001年，上述两个单位在“神舟2号”上搭载了超软X射线、X射线和γ射线探测器，成功地观测到近30个宇宙γ射线暴和近百例太阳耀斑的X射线、γ射线暴发事例。这是我国空间天文观测跨出的重要一步。2007年10月，探月“嫦娥一号”卫星发射升空，该卫星搭载了高能所研制的基于Si－PIN探测器的X射线谱仪和紫金山天文台研制的伽玛射线谱仪，这两台仪器在环月轨道上运转正常，取得了大量有关月表元素丰度的数据，并为空间天文的发展积累了宝贵的工程经验。

目前中国正在研制的空间天文项目有四个：硬X射线调制望远镜HXMT、中法合作空间变源监视器卫星SVOM、暗物质探测卫星、“天宫一号”上的伽玛射线暴偏振探测器(POLAR)。

2005年8月，经过长期预研的HXMT项目被遴选为国家“十一五”空间科学卫星项目。HXMT包括软X射线望远镜、中能X射线望远镜和高能X射线望远镜，覆盖1～250 keV的能区。HXMT的核心科学目标是：①实现(1～250 keV)宽波段X射线扫描巡天，探测超大质量黑洞和未知类型天体，研究宇宙X射线背景和AGN的统计性质；②定点观测，研究致密天体和黑洞强引力场中动力学效应和高能辐射过程。2011年3月，HXMT卫星正式获得工程立项，计划于2014年左右发射升空，运行在高度550km，倾角43°的近地轨道上，预期寿命4年。如图1。

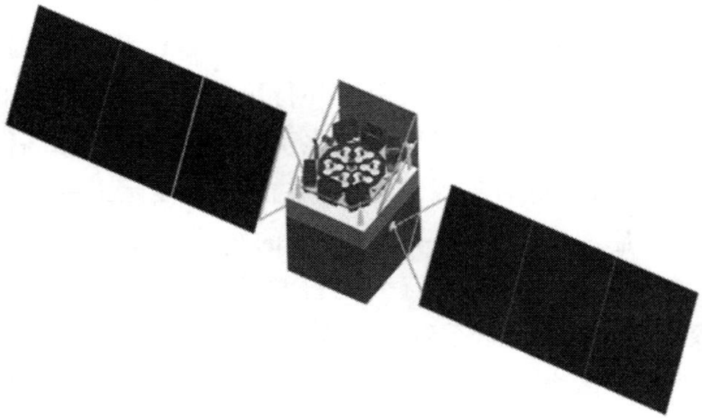

图1 我国正在建设中的天文卫星硬X射线调制望远镜HXMT

SVOM项目由原入选中国空间实验室空间天文分系统的空间天文实验和法国的微小卫星实验的两个项目概念合并而成。SVOM承载4个科学仪器，由法国研制的硬X射线相机用于伽玛射线暴成像和触发；通过国际合作研制或者采购一架用于伽玛暴余晖快速观测的软X射线望远镜；中国提供两个科学仪器，一个是有中科院高能物理研究所承担的用于伽玛射线暴能谱测量和触发的伽玛射线监视器，一个是由西光所研制的用于伽玛暴余晖快速观测的 45cm 光学望远镜。SVOM 卫星也计划在 2014 年左右上天。

与正在运行的美国的多波段伽玛暴高能天文卫星雨燕(SWIFT)相比,SVOM 的触发能量阈值更低,因此具有捕捉到更高红移(产生时间更早和距离我们更远)的伽玛暴的能力。目前雨燕已经创下探测到最高红移的世界纪录(红移为 8.2,产生于宇宙年龄不足现在年龄 5%的时候),SVOM 有可能打破这个记录。SVOM 的伽玛射线监视器对伽玛暴具有更好的能谱测量能力,因此能够更好地利用伽玛暴作为最遥远宇宙的探针研究宇宙的演化以及暗能量问题。光学望远镜对于伽玛暴余晖的测量,对于研究各种类型伽玛暴的本质并发现新类型的伽玛暴具有重要意义。

伽玛射线偏振探测仪(POLAR)是在中法合作的 SVOM 之后提出并经过论证入选中国空间实验室的后续项目之一,计划搭载于"天宫二号",在 2014 年发射运行。POLAR 是由多个塑料闪烁体棒簇组成的科学仪器,利用康普顿散射原理测量入射伽玛射线的偏振。目前国际上还没有专用的空间伽玛偏振测量仪器,而伽玛射线暴的偏振被认为是伽玛暴的最后一个观测量,因此 POLAR 实验将开启一个空间天文的新窗口,预期可对理解伽玛暴的中心发动机机制和极端相对论喷流的性质做出重要贡献。POLAR 项目现在已经进入初样研制阶段。

暗物质粒子探测卫星通过高分辨观测高能电子和伽玛射线能谱及其空间分布,寻找和研究暗物质粒子;通过测量 TeV 以上的高能电子能谱,研究宇宙线起源;通过测量宇宙线重离子能谱,研究宇宙线传播和加速机制。卫星观测能段范围覆盖 5 GeV～10 TeV,能量分辨优于 1.5%,超过国际上所有同类探测器,可望在暗物质探测和宇宙线物理这两大科学难题上取得突破。从而更好的研究宇宙射线起源以及伽玛射线天文学。2011 年 3 月,暗物质粒子探测卫星获得中国科学院批准,计划于 2015 年左右发射升空,运行在高度 500km,倾角 60°的近地轨道上,预期寿命超过 3 年。

## 四、我国空间天文发展趋势

我国的空间天文起步较晚,虽从 1977 年开始发展高空科学气球技术和球载硬 X 射线望远镜,但是真正意义上的卫星高度上的空间天文观测还是从载人航天的空间应用开始的。近十年来,我国的空间天文采取凝练科学目标,有效支持一批空间探测器的预研项目,在基础上重点支持和推动有基础有重要物理意义的科学卫星或前沿领域探测的项目立项的做法,已经取得了一定的成效,近两年来,在研的项目正按计划进行。谨慎选择有重大的科学意义同时又避免与发达国家直接竞争的项目,这一方针还将继续进行下去。

国际上 JWST 和 IXO 两个巨型项目的波折也提示,在空间项目设计时不可求全求大,而应该针对一两个重大的科学问题,设计专门的、特色明显的科学载荷。当前,发达国家空间天文研究的重点在对遥远天体的高灵敏度、高能量分辨观测。根据我国目前的技术基础,近期的空间天文项目将优先在如下领域发展:①天体 X 射线时变特性研究,通过大的探测面积收集足够多的光子,观测邻近黑洞和中子星 X 射线双星的短时标光变,或者在多个波段同时测量其光变行为,研究靠近黑洞视界和中子星表面区域的物理规律和过程;②高灵敏度的 X 射线偏振观测,通过对天体 X 射线偏振的测量,了解发生在天体上的各种高能物理过程、磁场和高温电子冕的结构以及相关的辐射机制;③空间暗物质探测,提出有特色的技术方案,通过对宇宙高能伽玛射线能谱或其他高能粒子、光子的精确测量,探测暗物质的存在形式及其性质。

## (一)天体 X 射线时变特性研究

2011 年 3 月,HXMT 卫星正式工程立项,它的主要科学目标之一就是对黑洞和中子星 X 射线双星系统的光变研究。为了充分利用 HXMT 项目积累的硬件技术和课题思想基础,在天体的多波段时变特性研究方面取得国际领先,我国学者提出“X 射线时变和偏振探测卫星(XTP)”概念,并已经开始相关的物理设计和关键技术攻关。XTP 的突出特点是以准直或聚焦望远镜阵列的方式,实现比已有 X 射线天文卫星大几倍到一个数量级的探测面积,从而获得关于银河系 X 射线双星和邻近亮活动星系核的更高的光子统计量,研究黑洞视界附近和中子星强磁场中物质运动和辐射的快速变化过程,从而实现基本物理规律和天体物理过程研究的突破。

天体时变特性研究的另一个方向是对天空 X 射线变源的多波段监测。一个可能的技术方案是,通过对银河系核球天区几百平方度内持续和暂现 X 射线天体长期、连续的监测和多波段同时快速测光,及时获取:①致密天体剧烈活动过程中吸积和喷流等物理过程的性质、系统状态和多波段辐射机制;②前所未有的从毫秒到天时标的完整光变探测覆盖,发现新的爆发天体,并通过探测光学—紫外光变和 X 射线光变之间的相关和时间延迟,大致搜索致密天体的特征快速光变如准周期振荡现象和 X 射线暴;③为空间和地面大型望远镜对机遇触发对象的定点深度观测提供依据。

## (二)X 射线偏振观测

X 射线偏振是人们了解天体几何结构和辐射机制的重要手段,然而高灵敏度的 X 射线偏振探测一直是天体物理学中的空白领域。近年来随着位置灵敏平面气体探测器的发展,基于光电效应的 X 射线偏振测量成为可能。以此为原理的 X 射线偏振探测器可以达到灵敏度 1%甚至更低水平,从而能测量宇宙极端物理条件下 X 射线辐射中的偏振效应,进而可以测量空间磁场分布,验证广义相对论效应和一些基本物理理论。

在自然科学基金、中科院空间科学预先研究项目等的支持下,清华大学、中科院高能物理研究所等单位已经开始研制位置灵敏气体探测器 GEM,开展基于光电效应的 X 射线偏振探测技术研究。目前已经完成了模拟计算和物理设计软件、光电子轨迹重建算法的研究,搭建了真空系统、偏振 X 射线源和探测器系统,并完成了数据采集的研制。该探测技术一旦成熟,将为我国空间天文的发展提供一种重要的实验手段。

## (三)空间暗物质探测

目前天文学家普遍认为,宇宙由 23%的暗物质,73%的暗能量和 4%的普通物质组成。标准模型只能解释其中的 4%。暗物质和暗能量是什么?这是人类面临的最大挑战。对暗物质的探测可分成直接,间接和加速器三个方面。直接探测放在很深的地下,间接探测可以在地面,也可以在太空,其中在太空的探测主要是研究暗物质湮灭产生的次级伽玛光子或带电粒子。暗物质探测卫星的主要科学目标即是在 5 GeV～10 TeV 能区测量暗物质湮灭的伽玛射线或正负电子信号。

在暗物质卫星的基础上，我国下一步暗物质的空间探测计划采用多种新型探测器技术，本底水平在现有国际最高水平上再降低 10 倍以上，曝光面积、能量分辨和空降分辨都将得到大幅度提高。为了实现这一目标，一种方案是进一步优化传统的暗物质探测方案，增加主探测器的规模、采用更为复杂和有效的反符合屏蔽技术，以达到提高灵敏度的目的。

中科院高能物理研究所新近提出了一种基于光纤加 ICCD(Intensified Charge - Coupled Device，增强型 CCD)读出的新型空间暗物质探测方案。与暗物质空间探测的传统方法相比，该方案有以下两个方面的创新：①传统的暗物质探测实验都有一个相似的设计：它们的底部是一个量能器，好比照相机的底片，用以测量能量，上部好比镜头，用以测量方向，识别粒子。但镜头限制了视场和几何接收因子，增加了重量。该方案针对上述国内外探测器的不足进行优化设计，只有底片，没有镜头，将粒子鉴别和方向测量都溶在底片中，节省镜头重量用于增加探测面积，同时没有镜头限制，扩大了视场。②传统的暗物质实验，由于信号通道数以万计，因此，电子学系统十分复杂，功耗也大。本方案采用光纤＋ICCD 读出方案，大大降低了电子学系统的复杂程度，同时，也大大降低了电子学的重量和功耗(以及造价)，提高了系统的可靠性。该方案目前处于技术可行性研究的阶段。

从我国空间天文的长远发展来看，我们还需要大力开展空间干涉技术(包括射电、光学和 X 射线等)以及高能量分辨率探测器技术等硬件技术的研究。只有这样，我们才能逐渐扩大空间天文观测的对象和研究的物理过程，将空间天文从一门探索性学科提升为一门常规的具有精密技术和数据基础的学科，实现持续、健康的发展。

## 参考文献


[1] Forman W, Jones C, Cominsky S, et al. The Fourth Uhuru Catalogue of X－ray Sources. The Astrophysical Journal Supplement, 1978, 38:357.

[2] Koyama K, Awaki H, Kunieda H, et al. Intense 6.7－keV iron line emission from the Galactic Centre. Nature. 1989, 339: 603.

[3] Wang Q D, Gotthelf E V, Lang C C. A faint discrete source origin for the highly ionized iron emission from the Galactic Centre region. Nature, 2002, 415:148.

[4] Truemper J. ROSAT － A new look at the X－ray sky. Science, 1993, 260: 1769.

[5] Koyama K, Petre R, Gotthelf E V, et al. Evidence for shock acceleration of high－energy electrons in the supernova remnant SN1006. Nature, 1995, 378:255.

[6] van der Klis. Millisecond Oscillations in X－ray Binaries. Annual Review of Astronomy and Astrophysics, 2000, 38: 717.

[7] Costa E, Frontera F, Heise J, et al. Discovery of an X－ray afterglow associated with the γ－ray burst of 28 February 1997. Nature, 1997, 387: 783.

[8] Spergel D N, Verde L, Peiris H V, et al. First－Year Wilkinson Microwave Anisotropy Probe

(WMAP) Observations: Determination of Cosmological Parameters. The Astrophysical Journal Supplement Series, 2003, 148:175.

[9] Werner M W, Roellig T L, Low F J, et al. The Spitzer Space Telescope Mission. The Astrophysical Journal Supplement Series, 2004, 154:1.

[10] Heather A Knutson, David Charbonneau, Lori E Allen, et al. A map of the day—night contrast of the extrasolar planet HD 189733b. Nature, 2007,447:183.

[11] Mark R Swain, Pieter Deroo, et al. A ground—based near—infrared emission spectrum of the exoplanet HD 189733b. Nature, 2010, 463:637.

[12] Abdo A, Ackermann M, Ajello M, et al. Spectrum of the Isotropic Diffuse Gamma—Ray Emission Derived from First—Year Fermi Large Area Telescope Data. Physical Review Letters, 2010 (10): 1101.

撰稿人:卢方军　马宇倩

# 空间物理学进展

## 一、引　言

空间物理学是伴随人造卫星发射进入空间而迅速发展起来的一门新兴的前沿多学科交叉的基础学科。它把日球作为一个系统，主要研究地球空间、日地空间和行星际空间的物理现象，研究对象包括太阳、行星际空间、地球和行星的大气层、电离层、磁层，以及它们之间的相互作用和因果关系。从根本上讲，空间物理学研究的主要目标就是要了解太阳系空间状态、基本过程和变化规律。

本报告分别从空间物理探测和空间物理研究两个方面总结国际空间物理的发展现状和趋势，介绍我国空间物理近期的发展状况；最后在展望部分，对空间物理学科的重点发展方向及优先发展领域进行阐述，并提出了我国空间物理发展的规划，包括探测路线图等。

“十一五”期间，我国在“双星计划”取得重要科学成果的基础上，对“夸父”项目概念开展了预先研究，完善了以我为主的空间物理和空间天气卫星探测规划，完成了“子午工程”的建设，为地基探测的跨越式发展奠定了基础。在空间物理研究方面取得了一批有国际重要影响的研究成果：太阳风的起源及其加热和加速机制，行星际扰动传播、磁暴和亚暴的产生机制，磁重联过程、太阳风与磁层的相互作用，中高层大气动力学过程的探测与研究，电离层的建模以及区域异常，地磁、电离层天气预报方法，极区光学观测研究以及空间等离子体基本过程（如磁重联、等离子体波的激发、粒子加速）等。

人类特别关注的是地球表面二三十千米以上直到太阳大气这一广阔的日地空间环境中的基本物理过程，这是当代自然科学领域最活跃的前沿学科之一。20 世纪 90 年代末是空间物理走向“硬”科学时代的一个新的发展阶段，强调科学与应用的密切结合，并且由此产生了一门专门研究和预报空间环境特别是空间环境中灾害性过程的变化规律，旨在防止或者减轻空间灾害，为人类活动服务的新兴学科——空间天气科学。

未来 10 年，我国空间物理领域将初步建成天地一体化的空间环境综合监测体系，聚焦日地系统空间天气整体变化过程并预期取得重大突破；构建数字化近地空间保障平台，培养和造就一支高水平的基础研究和应用服务的队伍，开展更高层次的国际合作交流。

## 二、空间物理学最新研究进展

与国际空间物理发展相比，我国的空间物理探测和研究也取得了可喜的进步。我国进行的一系列探测计划包括，天基探测——“双星”计划、“夸父”计划、MIT 耦合星座探测计划和“萤火一号”火星探测器计划。

## (一)空间物理探测

### 1. “双星”计划

“地球空间双星探测计划”(简称“双星”计划)是我国第一次以自主提出的空间探测计划进行国际合作的重大科学探测项目,是国家民用航天“十五”计划中设立的重点科学探测卫星计划,是国家第一次以明确的空间科学问题列入的卫星型号。“双星”计划包括两颗卫星:近地赤道区卫星(TC—1)和极区卫星(TC—2),运行于目前国际上地球空间探测卫星尚未覆盖的近地磁层活动区(图 1)。这两颗卫星相互配合,形成了独立的具有创新和特色的地球空间探测计划。“双星”计划与欧空局的“星簇”计划(Cluster)相配合,构成了人类历史上第一次使用相同或相似的探测器对地球空间进行的“六点”探测,研究地球磁层整体变化规律和爆发事件的机理。“双星”计划的主要科学任务是通过对地球空间电磁场和带电粒子的探测,获取了可靠的科学数据,在研究中取得新的发现和获得突破性的理论研究成果。

图 1　双星探测示意图

(1)“双星”计划的成果

1) 共获得 480GB 数据,是研究地球空间天气研究的宝贵资源。双星卫星科学数据库的用户网页(http://www.cddc-dsp.ac.cn/)日均访问量超过 1700 次。

2)“双星”计划在本领域两个顶级国际核心期刊 *Annales Geophysicae* 和 *J. Geophysical Research* 各出版成果专刊一期。据不完全统计,“双星”计划 2004 年 3 月至 2009 年 2 月期间,发表 SCI 收录论文 104 篇,被引用 107 次,国际会议特邀报告 10 篇,大会报告 46 篇;申请发明专利 15 项,其中 12 项已获授权;申请实用新型专利 8 项,已全部授权;计算机软件著作权登记 46 项。

3)2005 年,“双星”计划被两院院士评选为“2004 年中国十大科学进展”之一,在科学普及方面产生了重大社会效益。

4)“双星”计划获得“2010年度国家科学技术进步奖一等奖”。

5)“双星”计划和“星簇”计划的团队获得国际宇航科学院“2010年度杰出团队成就奖”。该奖项是国际宇航科学院每年颁布的两个主要科技奖项之一，设立于2000年，第一次颁布是2001年，授给俄罗斯和平号空间站团队。之后曾分别授给美国航天飞机团队、SOHO空间计划团队、哈勃空间望远镜团队等著名空间项目团队。由此可见，该奖是国际航天领域极高的荣誉，这也是中国第一次获此殊荣。

(2)“双星”计划的国际影响

“双星”计划填补了我国空间探测领域几十年来的空白，开辟了空间科学卫星系列的先河，使中国在空间科学领域在国际上占有一席之地，展示了我国的实力和水平，提高了我国与欧空局空间合作层次和开拓合作范围，以及我国在国际空间物理界的地位和作用。“双星”计划让世界了解了中国空间科学的现代水平。

## 2. “夸父”计划

继“双星”计划取得成功之后，一个全面探测太阳风暴和极光的“夸父”计划已经形成。“夸父”计划是由3颗卫星组成的一个空间观测系统(图2)，位于地球与太阳连线引力平衡处第一拉格朗日点(即 $L_1$ 点)上的夸父A星和在地球极轨上共轭飞行的夸父 $B_1$、$B_2$ 星。3颗卫星的联测将完成从太阳大气到近地空间完整的扰动因果链探测，包括太阳耀斑、日冕物质抛射(CME)、行星际磁云、行星际激波以及它们的地球效应，如磁层亚暴、磁暴以及极光活动。

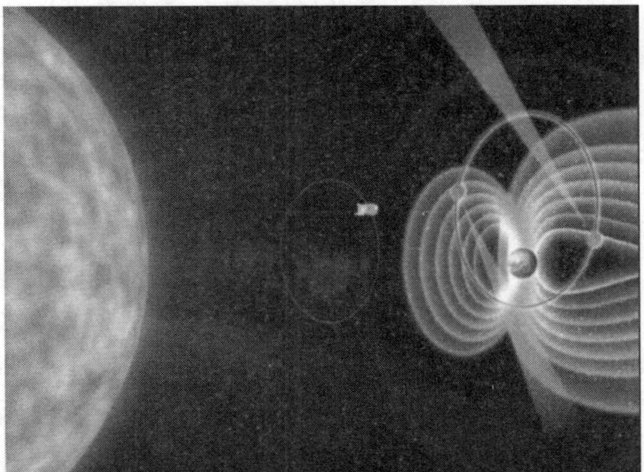

图2　夸父计划(KUAFU)运行模拟图

## 3. MIT耦合星座探测计划

MIT耦合星座探测计划(MIT Project)是在已经成功实施的双星卫星探测计划和将要实施的“夸父”(KuaFu)科学卫星计划之后，我国又一个新的科学卫星探测计划，也是国际上首个把磁层—电离层—热层作为一个整体研究的专项卫星探测计划，具有开创性和挑战性。

MIT 的科学目标是利用小卫星星座系统的探测和研究，解决磁层—电离层—热层耦合系统中能量耦合、电动力学和动力学耦合以及质量耦合等方面尚未解决的若干重大科学问题；重点是探测电离层上行粒子流发生和演化对太阳风直接驱动的响应过程，研究来自电离层和热层近地尾向流在磁层空间暴触发过程中的重要作用，了解磁层空间暴引起的电离层和热层全球尺度扰动特征，揭示磁层—电离层—热层系统相互作用的关键途径和变化规律。

4. 地基探测——子午工程

我国一直十分重视日地空间环境的地基监测。从 1957 年参加国际地球物理年开始，我国逐步在东经 120°子午线附近和北纬 30°台链上建设监测台站，现已具备相当的监测基础、设备条件和人才队伍。地磁、中高层大气、电离层、磁层、行星际等领域已建空间环境监测台站达数十个，拥有 MST 雷达、电离层测高仪、数字化地磁仪、激光雷达和非相干散射雷达等多种先进设备，并已建立海南探空火箭发射基地、世界数据中心中国空间环境数据中心、中国地球物理数据中心等。2008 年 1 月，“东半球空间环境地基综合监测子午链”(简称子午工程)作为国家重大科技基础设施项目开始建设。子午工程沿东半球 120°E 子午线附近，利用北起漠河、经北京、武汉，南至海南并延伸到南极中山站，以及东起上海、经武汉、成都，西至拉萨的沿北纬 30°N 附近共 15 个观测台站，建成一个以链为主、链网结合的，运用无线电、地磁、光学和探空火箭等多种探测手段，连续监测地球表面 20～30 千米以上到几百千米的中高层大气、电离层和磁层，以及十几个地球半径以外的行星际空间环境中的地磁场、电场、中高层大气的风场、密度、温度和成分，电离层、磁层和行星际空间中的有关参数，联合运作的大型空间环境地基监测系统(图 3)。子午工程已作为“十一五”国家重大科技基础设施(国家重大科学工程)，总投资 1.67 亿元，建设期 3 年，2008 年 1 月开始建设，2010 年部分设备开始投入使用，“边建设，边运行、边产出”，全部工程 2010 年 12 月建成，2011 年进入运行期。子午工程将为建立我国以自主观测为基础的近地空间环境模式的“零”的突破提供东经 120°子午线附近区域的观测数据。

子午工程的主要特色是：①全球性，形成唯一可环绕地球一周的空间环境监测子午圈；②地域性，适合我国上空环境特性研究，为了解全球环境变化不可或缺；③综合性，综合地磁(电)、无线电、光学、探空火箭等多种科学装置和手段进行多学科综合研究；④先进性，世界上跨度最长、功能最全、综合性最高的子午链，为世界仅有，可进行其他国家和地区难于开展的国际最前沿课题的研究。空间环境中的地球磁场线接近地球子午线的分布，太阳电磁辐射(可见光、X 射线、紫外辐射等)呈现沿子午线的天顶角效应，以及地球自转和绕日的公转效应，使地球空间环境具有随时间、随地域的全球三维结构。它们对磁层结构、电离层结构、带电粒子和等离子体输运过程等起重要的调控作用，使许多基本的物理过程沿子午圈发生。随着地球的自转，子午圈上的空间环境将经历白天和黑夜的变化。因而通过研究东经 120°子午线链的探测数据，可以了解近地空间环境的局域性特征与全球变化特征的关系。

5. 国际子午圈计划

以子午工程为基础，中国科学家率先提出“国际空间天气子午圈计划”，拟通过国际合

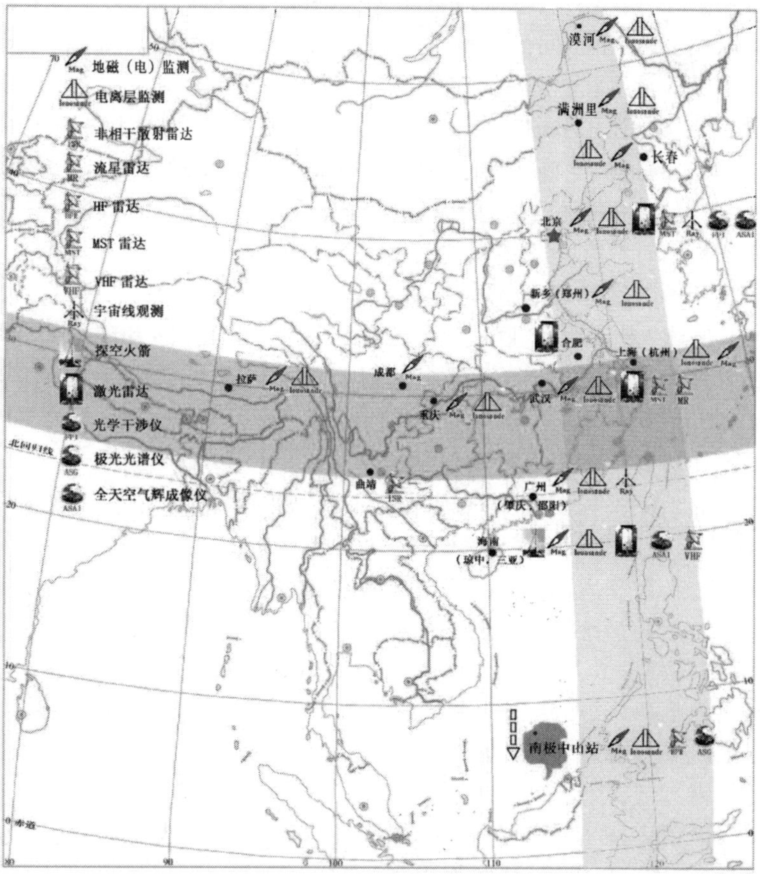


图 3　子午工程台站分布图

作，将中国的子午链向北延伸到俄罗斯，向南经过澳大利亚，并和西半球 60°附近的子午链构成第一个环绕地球一周的空间环境地基监测子午圈（图 4）。地球每自转一周，就可以对地球空间各个方向，包括向阳面和背阳面的空间环境完成一次比较全面的观测。国

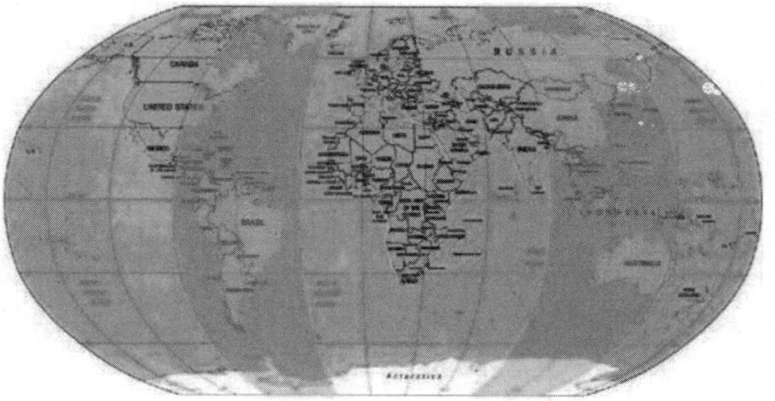

图 4　国际子午圈计划示意图

际子午圈计划建成后将实现:协调全球空间天气联测及共同研究;向全世界科学界提供可使用的观测数据;支持基于空间天气科学攻关和观测所需的密切协作;推动空间科学和技术的公众教育和科学普及。

国际子午圈计划抓住了只有 120°E＋60°W 子午圈是全球陆基观测台站最多的地理特征,以及许多基本的近地空间天气过程沿子午圈发生的物理本质,随地球的自转,比对两个经度相距 180°的子午链位置上的空间环境变化,再结合空间探测,第一次使得了解空间天气全球结构的时空变化规律成为可能。

正是由于国际子午圈计划是世界空间天气地基综合监测史上从未有过的创新,对引领空间天气地基监测"多台站、链网式、多学科协同综合监测"的发展方向,增强全球监测空间天气的能力具有深远意义,一经提出就得到相关国际科学组织、国家与地区的积极响应。

国际子午圈计划实施的多边行动包括:

1)拓展中国的子午工程使之实现国际化,以涵盖现有位于东经 120°和西经 60°的全部子午链,使该子午线的空间环境观测能取得事半功倍、最大的科学产出。

2)在中国、美国、加拿大、日本、俄罗斯及其他国家或地区现有的地磁子午链之间建立最紧密的合作。通过科学论证和规划,在西伯利亚、东南亚等区域新建若干台站,以弥补全球子午链的部分缺口。

3)支持各国的电离层、磁层和行星际观测台站间实施密切的协作。

4)沿全球东经 120°和西经 60°子午圈,在欧洲非相干散射雷达网(EISCAT)的框架内建立非相干散射雷达链。

国际子午圈计划还能与正在实施的"国际与日同在计划"(ILWS)、国际日地系统气候与天气计划(CAWSEC)、国际日球物理年计划(IHY)等一系列国际计划有机衔接,并使我国成为其中的核心贡献国家,例如子午工程南极中山站的高频雷达也将参加国际地球极区高频雷达探测网(SuperDARN)的组网。

国际子午圈计划对于实现子午工程的科学、工程和应用目标具有倍增效应,也是我国为国际空间科学合作作出的重大贡献。利用我国子午工程建立的基础和优势,通过国际子午圈计划来推进国际合作,可以调动国际上的各种资源,发展和建立地域更为广泛的数据获取能力,使我国在空间天气监测和研究领域具备话语权,并逐步掌握主导权,从而推动国际空间研究的发展,促进我国和平利用外层空间,实质提升我国科技创新能力和中国对人类科学发展的贡献度。

### (二)空间物理研究

近年,我国空间物理有了重大的发展,特别是通过"863"计划、载人航天计划的实施,中国科学院、国家基金委和国家各类重大项目的开展,相关的空间物理和空间天气探测、研究和应用有了较好的积累,锻炼了队伍,培养了人才。我国空间物理研究人员在太阳大气磁天气过程,太阳风的起源及其加热和加速,行星际扰动传播,磁暴和亚暴的产生机制,磁重联过程,太阳风与磁层的相互作用,中高层大气动力学过程的探测与研究,电离层的建模以及区域异常,地磁、电离层天气预报方法和极区光学观测研究等,以及空间等离子体基本过程(如磁重联、等离子体波的激发、粒子加速等)等领域,都产生了一批有国际重要影响的工作,连续获得国家自然科学二等奖等多项国家科技奖励,进入了国际研究前沿。与此相联系的空间天气建模与预报也有了长足的进步,在我国“神舟”飞船系列、“嫦娥一号”等的空间天气保障方面作出了突出贡献。2008 年 1 月,由汤姆森科技信息集团(总部设于美国,系全球科技信息服务企业领导者)发布的 22 个主要科研领域全球上升最快的研究机构“新星”(rising stars)名录中,中国科学院在空间科学领域中被评为最新的全球科研机构“新星”。这从一个侧面也反映了我国空间物理研究领域的水平正在快速提升。

学科体系基本形成,人才队伍欣欣向荣。有关太阳大气、行星际太阳风、磁层、电离层、中高层大气、地磁、空间等离子体等学科配套齐全。已建设空间天气学国家重点实验室和相关的部委级重点实验室十余个,形成了由中科院、高校、工业部门和应用部门有关院所组成的较完整的学科研究体系,主要研究单位包括了中科院、教育部、航科集团、工业和信息化部、中国地震局、中国气象局、国家海洋局的近 20 家科研单位和高等院校。业务预报体系也正在初步形成之中,在民口、军口新建了预报服务的专门机构,如国家空间天气监测与预警中心、总参气象局的气象水文海洋空间天气总站,以及中国科学院的空间环境研究预报中心。我国在空间天气的探测、研究、预报与效应分析等方面的队伍初具规模,人数达千余人,涌现了一批优秀的中青年学术带头人。

随着国家经济实力的增强以及航天、通信、导航定位和国家安全对空间天气和空间环境的强烈需求,为空间物理和空间天气的研究迎来了一个“黄金发展期”。

## 三、空间物理学国内外研究进展比较

目前,空间物理学取得了巨大的发展,在揭示宇宙奥秘、发现自然规律方面获得了举世瞩目的科学成就,并开辟了新的应用领域,对社会和经济发展产生重要影响。

### (一)空间物理探测

空间物理学的发展随着航天技术和空间探测技术的发展而迅速发展起来。自 20 世纪中期以来,人类发射了数百颗航天器用于空间物理探测,空间物理学天基探测的发展大致分为如下三个阶段:①20 世纪 60 年代初到 80 年代末,发现和专门探测阶段;②20 世纪 90 年代,将日地系统作为一个整体研究;③21 世纪开始,将太阳—太阳系作为一个有机整体来研究,并强调空间物理探测和研究为空间探索保障服务。下面主要回顾一下近年来的国际空间物理探测的最新进展。

1. 太阳—行星际探测

2011 年 2 月 1 日,Hinode 卫星拍摄到太阳表面存在两个冕洞,一个冕洞位于太阳中心偏上位置,另一个冕洞(极地冕洞)清晰地位于图像底部。冕洞是太阳磁场间隙所形成的巨洞,穿过太阳超炽热外大气层(日冕),气体能够通过冕洞逃逸至太空。这两个巨大的冕洞比太阳表面其他区域色彩更暗,这是由于冕洞与邻近活跃区域相比,其温度相对较低。

美国航空航天局(NASA)研制的STEREO(日地关系观测台)卫星于2006年10月25日在佛罗里达州的卡纳维拉尔角空军基地发射。STEREO有两颗子卫星,分别位于地球绕太阳公转的轨道前方和后方,形成对日观测的立体视角,拍摄太阳的三维图像(图5)。其主要科学目标:研究日冕抛射事件从太阳到地球的传播与演化,研究能量粒子的加速区域和物理机制,观测太阳风的结构与性质等。其主要科学载荷包括:日地联系日冕与日球探测包,研究日冕物质抛射从太阳表面穿过日冕,直到行星际空间的演化过程;波动探测仪(SWAVES)研究太阳爆发事件对地球的射电干扰;原位粒子与磁场探测仪(IMPACT)研究高能粒子和行星际磁场的空间分布;等离子体和超热离子构件(PLASTIC)主要任务是研究质子、α粒子和重离子的特性。

图5　STEREO示意图

2011年6月1日,STEREO拍摄到完整的太阳背面的图像(图6),这也是第一次由太阳观测卫星在轨道上拍摄到太阳另一面的情景,这个角度在地球上是看不见的。同时,通过将呈180°的两颗卫星STEREO-A与STEREO-B的数据进行组合,获得了首张完整的太阳的全景照片。

太阳动力学观测台(Solar Dynamics Observatory,SDO)由NASA于2010年2月23日使用宇宙神5运载火箭发射,本项目为是NASA的“与星球共存计划,Living With a Star(LWS)”的第一个步骤,旨在理解太阳,以及它对太阳系的生命有何影响。SDO运行在36000千米的地球同步轨道,运行寿命为5年,它搭载了3部研究太阳的仪器,能够不间断地对太阳进行观测。其主要科学目标:利用多个谱段同时观测太阳大气的小时空尺度,了解太阳对地球和近地空间的影响。与以往的观测相比,SDO将能更详细地观测太阳,打破长期以来阻碍太阳物理学发展的时间、尺度和清晰度方面的障碍。SDO的主要载荷包括:日震磁场成像仪、大气成像包(包括4个望远镜,10个滤光器)以及极紫外变化实验仪。2011年3月19日,SDO观测到的一次日珥喷发事件,如图7所示。

图 6　2011 年 6 月 1 日拍摄的合成的太阳图像

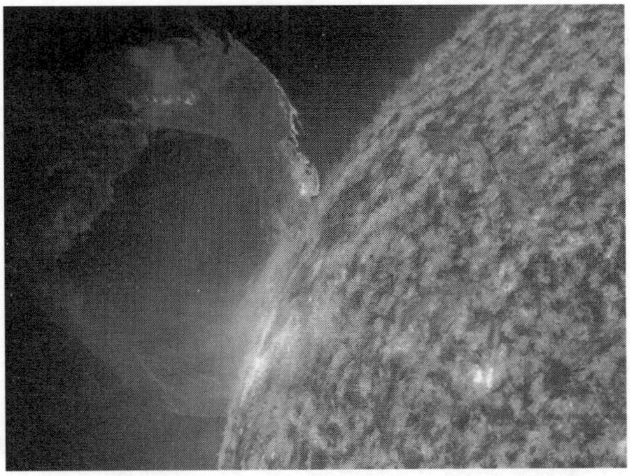

图 7　2011 年 3 月 19 日 SDO 观测到的一次日珥喷发事件

2. 地球空间探测

磁层空间探测发展的重要趋势是空间的多点探测。THEMIS(Time History of Events and Macroscale Interactions during Substorms，亚暴期间事件时序过程及相互作用)是由 NASA、美国加利福尼亚大学洛杉矶分校和加州伯克利大学于 2007 年 2 月 17 日联合发射的 5 颗卫星组。其主要科学目标：利用分布在不同空间区域的 5 个相同飞船确定磁层亚暴的起始和宏观演化，解决亚暴的时空发展过程。其主要科学载荷包括：电场探测仪、磁力仪、静电分析仪、固态望远镜(25 keV～6 MeV)。

2008 年 2 月 26 日，当一个亚暴发生的时候，THEMIS 正好位于地球的背阳侧(图 8)，可以观测到磁尾重联，同时地基观测台站观测到了北美上空的极光增亮和电流。这些观测结果第一次证实了磁场重联触发亚暴发生，触发极光。

广角中性原子成像双星(Two Wide－Angle Imaging Neutral—Atom Spectrometers，

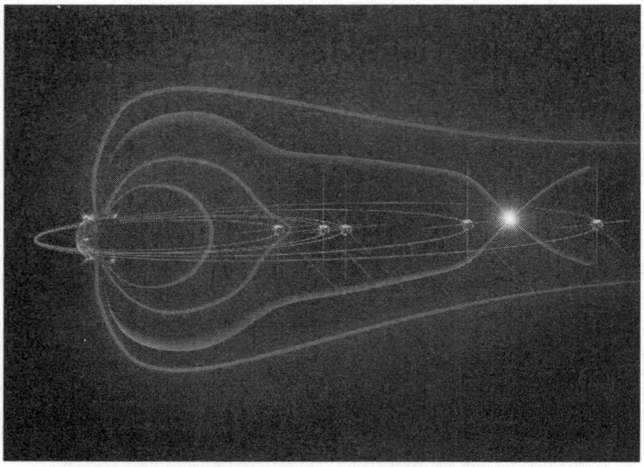

图 8　THEMIS 的 5 颗卫星在地球磁场中运行的示意图

TWINS)分别由美国于 2006、2008 年发射(如图 9 所示),其主要科学目标为利用两个能量中性原子成像卫星对地球磁层进行立体成像观测,建立磁层不同区域的全球对流图像及其相互关系。主要科学载荷包括中性原子成像仪。

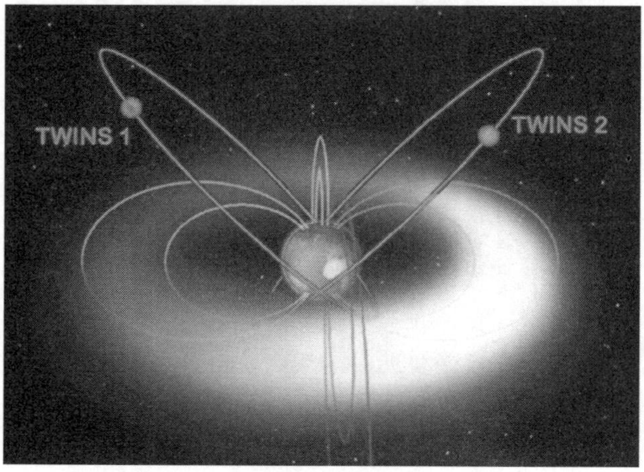


图 9　TWINS 的轨道运行示意图

中性成分与带电粒子耦合探测卫星(Coupled Ion Neutral Dynamic Investigation, CINDI)由 NASA 于 2008 年 4 月 16 日发射。该计划主要科学目标:了解中性成分和带电粒子相互作用对电离层—热层行为的控制作用。主要科学载荷包括:中性风探测仪、离子速度探测仪。

3. 地基观测的发展现状

国际上在着力发展空间天基探测和研究的同时,也十分注重地基探测。事实上,大型国际合作计划“国际与日同在计划”和“日地系统空间气候和天气计划”中,地基观测是非常重要的组成部分。正是由于具有“5C”(连续、方便、可控、可信和便宜)的优越性,地基观测是空间环境监测的基础,也是空间探测计划的重要补充。由于对空间环境进行全天时和整体性监测的需求，世界空间环境地面监测正沿着多台站、网络式综合监测的方向迅速发展。

加拿大提出的地球空间监测计划（CGSM）包括协调观测、数据同化和模式研究等各个方面。计划从 2003 年开始，在加拿大全国范围内建设无线电观测设备（8 个先进数字电离层探测台、相对电离层吸收仪）、磁场观测设备（各种地磁仪 48 台）和光学观测设备（10 台 CCD 全天成像仪、沿子午线布置多通道扫描光度计 4 台），并利用国际两极雷达探测网的 3～4 台高频电离层雷达设备等地基观测系统，对空间环境进行综合监测。

作为世界最先进的空间环境监测国家，美国在众多的卫星探测计划之外，也提出了先进模块化的可移动雷达（AMISR）计划，通过 2007—2012 年和 2013—2016 年两个阶段的研制与发展，为研究迅速变化的高层大气以及观测空间天气事件提供强有力的地面空间环境监测手段。

我国于 2008 年 1 月开始建设的“东半球空间环境地基综合监测子午链”（简称“子午工程”），已于 2010 年 12 月建成，2011 年进入运行期。子午工程将为建立我国以自主观测为基础的近地空间环境模式的零的突破，提供 120°E 子午线附近区域的观测数据。

## （二）空间物理研究的重要进展

### 1. 日冕—行星际

日冕是太阳的外层大气，从色球边缘向外延伸至几个太阳半径处，由很稀薄的、完全电离的磁化高温等离子体组成，主要含有电子、质子和 $\alpha$ 离子以及种类繁多的少数离子。日冕不仅是日球中的基本介质—太阳风与行星际磁场的起源所在，而且是日冕物质抛射（CME）和耀斑等太阳爆发现象的主要孕育和发生场所，对日地空间中的物理过程特别是太空天气具有直接的影响和控制作用。自从 20 世纪 30 年代初通过光谱观测发现太阳日冕具有上百万度高温以来，日冕的加热问题一直是研究者普遍关注的焦点问题，至今仍没有被彻底解决。50 年代末，E. Parker 在理论上预言了日冕高温膨胀将产生超声速太阳风，并被随后几年的行星际空间探测所证实；20 世纪 70 年代初，OSO－7 卫星最早观测到了 CME 现象；随后 20 余年不断更新和改进的系列空间探测设备，如 SMM、SOHO、Yohkoh、Trace 和 Rhessi 等几个重要卫星的相继投入，使得研究人员能有效避开地球大气的消光效应，得以在（E）UV、软（硬）X 射线、$\gamma$ 射线等波段同时观测日冕，从而极大地推动了日冕物理学的发展，并彻底改变了早期主要由引力控制的均匀稳态日冕观点。有关研究在日冕波动现象的观测和证认、太阳风的起源和加速、日冕磁场结构、日冕中的磁场重联、太阳耀斑和 CME 的触发和爆发过程、太阳射电爆发、高能粒子的加速等方面均取得重要进展。以探索太阳磁场演化及其爆发过程、CME 的三维特征与性质等为主要科学目标的 Hinode（日出）和 STEREO（日地关系观测台）卫星的成功发射，正在为相关物理问题的深入研究和解决提供契机。

具体前沿科学问题包括日冕等离子体的加热问题、日冕中的波动现象、太阳风的起源和加速的物理机制、CME 和耀斑等太阳爆发现象物理过程的能量孕育和释放过程、各种爆发现象：包括太阳射电爆发、CME 激波的产生和演化、爆发过程中的粒子加速等过程的物理机制；发展考虑不同时空尺度物理过程耦合的、更为实际的三维日冕动力学模型，并将太阳爆发在日冕与太阳风中的初发和传播作为直接控制和影响空间天气的重要环节进行研究。

2. 日球物理

日球物理即行星际物理。日球指太阳系内主要由等离子体流和磁场充满的空间，称之为日球空间，其边界大致位于 70～200AU。

太阳的外层大气——日冕具有百万度以上的高温，它持续不断地携带着磁场向外膨胀，形成自太阳向外以超音速运动的太阳风等离子体流。日球物理就是了解该空间区域的物质状态的特征与演化，探索发生在其中的物理过程和变化规律以及太阳风与星际介质相互作用的一门学科。日地行星际空间是太阳向地球输运能量、动量和质量地传输通道，它像一条纽带把太阳和地球密切联系起来，是日地系统相互耦合链上非常重要的一环。

2007 年，“旅行者二号”飞船在离 85AU 处穿越终止激波进入日球鞘区，发现中性成分对外日球环境有重要影响。最近 10 年，在行星际中的多种间断面（如电流片、激波间断、接触间断、阿尔芬间断）与行星际扰动的相互作用、多重 CME 的相互作用、行星际激波的相互作用、行星际磁重联、太阳能量粒子在行星际的传输等方面都取得了重要进展。本领域的前沿科学问题包括，行星际太阳风和日球的三维结构、各种间断面对行星际扰动传播的影响、日冕物质抛射事件/激波的行星际传播过程、行星际磁场南向分量的形成和演化、行星际扰动与磁层的相互作用、高能粒子在行星际空间的加速和传播等。

（1）磁层

磁层是指地球电离层以上由地球磁场主要控制的广阔空间，其中包含几乎完全电离的等离子体。磁层物理学主要关注磁层空间中电磁场与等离子体的变化，重点研究太阳风输入能量在磁层空间不同区域中传输、转换释放的物理过程。

磁层物理学的发展与空间探测技术密切相关，地球辐射带就是卫星空间探测第一个重要发现。随着空间探测技术的提高与进步，人们不仅了解了磁层不同区域的精细结构，并对其中的物理过程有了深入的认识。磁层空间探测目前的重要趋势是多点探测和成像探测。其中多点卫星探测计划以 ESA 的 Cluster 计划、中欧合作的双星计划以及美国 NASA 的 THEMIS 计划为代表；成像探测以 NASA 的 IMAGE 卫星为代表。这些新的探测方法和思路虽然是在 20 世纪 80～90 年代提出，但大都在近十几年内才开始实施，并已使磁层物理学在近地太阳风与磁层相互作用、磁层亚暴、磁场重联等方面取得了多项重大进展。目前，磁层物理研究的焦点还是集中在三个方面：磁层亚暴物理过程、磁场重联和辐射带粒子的加速和损失过程的研究。

（2）电离层

受太阳紫外及更高频率波段辐射的作用，地球上空从 50～60 千米到一两千千米之间的大气层被部分电离，称为电离层。电离层中有足够的自由电子，能影响无线电波的传播，进而影响通信、导航等地基和天基技术系统。电离层物理的主要研究对象是，在太阳辐射和太阳风扰动作用下电离层中的各种基本物理过程；这些物理过程导致的电离层形态及其分布与变化特征；以及电离层与地球空间中相邻层次（磁层和大气层）的相互作用。电离层是日地空间中的关键层次，是日地系统能量传输的终端，也是日地空间天气产生效应的主要场所。

本领域的前沿科学问题包括：高纬电离层及其与太阳风、磁层的相互作用；中低纬电离层及其与大气层的相互作用；高纬电离层与中低纬电离层的相互耦合；电离层扰动与电离层空间天气预报；电离层气候学与模式化等。

(3)中高层大气

10km以上的大气圈层被定义为“中、高层大气”，它包括对流层的上部、平流层、中间层和热层。中高层大气是对太阳活动和人类活动等外界扰动都极为敏感的空间区域，是地球环境和太空之间的通道，也是当前人类知之最少的地球大气区域。其学科发展对于人类了解地球生态环境的变化，保障空间活动和技术系统的安全具有特殊的重要性。因此，吸引了众多的空间物理学家和大气科学家来共同关心这一领域。而各种灾害性天气、气候以及空间天气事件给人类的生产、生活带来的巨大破坏，以及相应的巨额财产损失，这也迫使各国政府制订相应的国家研究计划。

先进国家相继推出各自的研究计划，并先后组织了多项全球性的合作研究，目的在于弄清中、高层大气中关键的光化和动力学过程，以及它们对空间环境的影响。如美国正在执行的“空间天气计划”(The National Space Weather Program)，欧空局(European Space Agency)的“欧洲空间天气计划”，以及国际日地物理委员会组织实施的“日地系统空间气候和天气计划”(CAWSES, 2004—2008)，都把研究中、高层大气天气和气候问题作为明确的科学目标。而美国NASA和NSF分别推动的“大气各区域耦合、热力学和动力学计划”(CEDAR Phase III)和“热层、电离层中间层热力学和动力学使命”(“TIMED” Mission)，更是直接关注于中、高层大气的观测与数值建模工作。在重力波、行星波、潮汐的观测、激发、迁移、变化规律和统计特征以及大气风场的特性等方面取得了重要进展。

综上所述，可以将国际上空间物理探测和研究的发展趋势可归纳如下：进一步开展日地系统整体联系过程的研究，并延拓为太阳—太阳系整体联系，天基与地基相结合的观测体系将日趋完善。以卫星、飞船、空间站等航天器为观测平台的天基探测是空间物理探测最主要的手段，它可直接探测空间环境的各种就地数据，利用有利位置获得地面所不能获得的空间环境遥感数据。地基探测是空间环境探测的重要的补充。只有天基和地基监测系统有机地结合，才能形成从太阳到近地空间的无缝隙的综合监测体系，为空间物理研究和应用提供观测基础。

1)探测区域向空间天气的源头——太阳不断逼近。这样有利于认识太阳活动物理过程和影响，进而形成从太阳源头、行星际传播到地球空间响应的整体观测。

2)多颗卫星的联合探测成为主流，立体探测、时空区分、多空间尺度探测成为空间物理探测的前沿。只有实施联合探测，才能了解关键区域、关键点处扰动能量的形成、释放、转换和分配的基本物理过程，深入揭示其物理过程的本质。

## 四、我国空间物理学发展趋势

### (一)本学科领域发展新的战略需求

#### 1. 空间物理学是当代自然科学最富挑战性的国际前沿领域

从根本上讲，空间物理学研究的主要任务是要了解太阳系的空间状态、基本过程和变化规律。宇宙空间是一个地面无法模拟的特殊实验室，不断涌现出自然科学领域数百年来的经典理论所无法解决的新问题，是有待探索、开垦的重大基础科学前沿。日地之间的空间环境涉及诸多物理性质不同的空间区域，如中性成分(中高层大气)、电离成分为主(电离层)、接近完全离化和无碰撞的等离子体(磁层和行星际)，以及宏观与微观多种非线性过程和激变过程，如日冕物质抛射(CME)的传播、激波传播、磁场重联、电离与复合、电离成分与中性成分的耦合、重力波、潮汐波、行星波、上下层大气间的动力耦合等，这些都是当代难度很大的基本科学问题。研究日地系统所特有的高真空、高电导率、高温、强辐射、微重力环境，研究其中的各种宏观与微观交织的非线性耗散，以及具有不同物理性质的空间层次间的耦合过程，了解灾害性空间天气变化规律，获取原创性科学发现，已成为当代自然科学最富挑战的国际前沿课题之一。无论是实施国际日地物理计划(ISTP)、日地能量计划(STEP)，还是正在实施的与星同在计划(Living With a Star)及国际与星同在计划、日地系统空间气候与天气计划(Climate and Weather of the Sun - Earth System)等，空间天气研究都是多学科交叉、协同攻关、夺取重大原创性新成就的重大科学前沿领域。

我国科工委发布的“十一五空间科学规划”中，将空间物理和太阳系探测作为重点发展的三大领域之一。2006 年，在《国家中长期科学与技术发展规划纲要》中，将“太阳活动对地球环境和灾害的影响及其预报”列为基础研究的科学前沿问题之一。

2. 我国对空间物理学强烈的需求

如地球对流层天气一样，空间环境也常常出现一些突发的、灾害性的空间天气变化，有时会使卫星运行、通信、导航和电力系统遭到破坏，影响天基和地基技术系统的正常运行和可靠性，危及人类的健康和生命，进而导致多方面的社会经济损失，甚至威胁到国家安全。据统计，航天故障率 40%来自空间天气的影响。

进入 21 世纪，中国面临建设自立于世界强国之林的历史重任，发展高科技，实现国防现代化是根本保证。在这种背景下，中国同世界发达国家一样，对空间天气研究产生了十分紧迫的战略需求。载人航天和探月工程是《国家中长期科学与技术发展规划纲要》的重大专项。在“十二五”期间，预计将有近百颗卫星发射，载人航天要实现交会对接，发射小型的空间实验室，探月工程实施“绕、落、回”三步走的第二步。然而，卫星故障常有发生。据统计，其中有约 40%故障源于空间天气。已有“风云一号”气象卫星、“亚太 2 号”通信卫星遭遇失败以及地球“双星”计划中姿控失效，“嫦娥一号”卫星发生单粒子锁定等。重大的灾害性空间天气常给航天器造成严重损伤，甚至使其提前坠落：如 1998 年 4～5 月，美国“银河 4 号”通信卫星失效，造成美国 80%通信寻呼业务中断。2000 年 7 月 14 日，灾害性空间天气使日本的宇宙和天体物理先进卫星 ASCA(Advanced Satellite for Cosmology and Astrophysics)失去控制，损失很大。全球卫星通信、导航定位系统发展迅速，我国也必须发展自己的各类天基技术系统。在“十二五”期间，我国应用卫星、载人航天、探月工程等航天活动日益频繁，航天安全形势更加严峻，空间环境保障需求也更为迫切。

总之，日地空间乃至整个太阳系，是人类开展科学探索、揭示自然规律的重要区域，同时也是人类空间活动最主要的区域。空间物理学是世界各国争相研究的热点学科，也是各国科技实力展示的舞台，更是引领世界科技发展的驱动力。由于伴随人类社会发展的诸多领域如航天、通信、导航等高科技领域和国家安全的强烈需求，空间物理学进入 21 世纪之后，正迅速发展成国际科技活动的热点之一。

3. 空间物理学科在未来几年中新的战略需求

2006年，我国颁布《国家中长期科学与技术发展规划纲要（2006—2020）》，将“太阳活动对地球环境和灾害的影响及其预报”列为基础研究的科学前沿问题之一，载人航天和探月工程被确定为国家重大专项，这赋予空间物理学探测和研究新的责任。

在未来几年里，为了落实国家发展规划，空间物理学要重点关注日地空间环境，将日地空间天气连锁变化过程的探测和研究作为主攻方向；在太阳活动影响地球空间和人类社会的关键科学问题上，要取得突破性进展；着力提升空间环境的业务服务水平，增强我国航天活动和空间应用的安全保障能力。

根据我国的现状和国际学科发展趋势，未来本学科领域发展布局的主要思路，是立足于中国现状，以美国等主要发达国家作为参照系，突出我国的优势，重点布局，协调发展，建立和完善符合学科发展的体制、机制，大力培育新兴与交叉学科。

## （二）空间物理学发展的重点方向和优先发展领域

1. 重点发展方向

（1）日冕物理

未来几年，我国日冕物理学的重点研究方向包括高速—低速太阳风的起源和加速的物理机制，日冕磁场的数值重建技术，CME和耀斑过程中磁能的孕育和释放机制、爆发结构的三维时空拓扑、高能粒子加速和射电爆发的物理机制，以及基于多波段观测数据的日冕磁场和太阳爆发过程的关键物理参数的诊断技术等。

（2）日球物理

未来几年，我国日球物理的重点研究方向包括太阳风三维结构、太阳爆发在行星际空间的传播和演化、太阳能量粒子的加速与传输、日冕—行星际—地球空间耦合的数值模式等。

（3）磁层物理

未来几年，我国磁层物理的重点研究方向包括，磁层能量的储存与损失过程、磁层亚暴过程的物理机理，磁层磁重联的过程及其在能量转换中的作用、内磁层波与粒子的相互作用、磁暴期间环电流的来源与损失、辐射带粒子的加速与损失、极区磁层与电离层的耦合，以及磁层整体模式研究等。

（4）电离层物理

未来几年，我国电离层物理研究将围绕空间天气的监测预报，以及电离层模式化等的需求，着重开展耦合体系中的电离层空间天气与气候学研究。

（5）中高层大气物理

未来几年，我国中高层大气物理着重开展中高层大气动力学、光化学与辐射过程及其耦合的研究和建模。

（6）行星空间物理

未来几年，我国行星空间物理主要利用我国的“嫦娥”工程和“萤火一号”火星探测计划，开展太阳风与火星、月球的相互作用研究。

2. 空间物理学的优先领域

由空间物理基础研究与应用需求相结合产生的新兴学科——空间天气在国际上方兴未艾，已呈现蓬勃发展之势。在进入太空时代的国际大背景下，日地空间环境与空间天气领域是地球科学部“十一五”优先发展领域，通过10年的发展，我国在该领域已取得长足的进步和一系列重要的进展，在国际的竞争中崭露头角。在未来5～10年，日地空间环境与空间天气领域仍然是本学科领域的优先领域。

(1)科学目标

以日地系统不同空间层次的空间天气过程研究为基础，形成空间天气连锁过程的整体性理论框架，取得有重大影响的原创性进展；建立日地系统空间天气事件的因果链模式和发展以物理预报为基础的集成预报方法，为航天安全等领域做贡献；实现与数理、信息、材料和生命科学等的多学科交叉，开拓空间天气对人类活动影响的机理研究，为应用和管理部门的决策提供科学依据；发展空间天气探测新概念和新方法，提出空间天气系列卫星的新概念方案，开拓空间天气研究新局面。鼓励与国家重大科学计划相关的空间天气基础研究，鼓励利用国内外最新天基、地基观测数据进行的相关的数据分析、理论与数值模拟研究。

(2)关键科学问题

1)太阳剧烈活动的产生机理及太阳扰动在行星际空间中的传播与演化。关键课题有：日冕物质抛射、耀斑，及其对太阳高能粒子加速的过程；太阳风的起源与形成机理和过程；太阳源表面结构及太阳风的三维结构，以及各种间断面对行星际扰动传播的影响；太阳高能粒子事件、磁云及行星际磁场南向分量、行星际激波及高速流共转作用区的形成与演化等。

2)地球空间暴的多时空尺度物理过程。关键课题有：不同行星际扰动与磁层的相互作用及地球空间不同的响应特征；太阳风—磁层—电离层耦合；磁暴、磁层亚暴、磁层粒子暴、电离层暴、热层暴的机理与模型；中层大气对太阳扰动的响应的辐射、光化学和动力学过程；日地空间灾害环境和空间天气链锁变化的各层次及集合性预报模型等。

3)日地链锁变化中的基本等离子体物理过程。关键课题有：无碰撞磁重联、带电粒子加速、无碰撞激波及空间等离子体不稳定性与反常输运、波粒子相互作用过程、等离子体湍流串级耗散、电离成分与中性成分的相互作用等。

4)空间天气对人类活动的影响。关键课题有：空间灾变天气对信息、材料、微电子器件的损伤以及对空间生命和人体健康影响的机理；太阳活动对气候与生态环境的影响及人为活动对空间环境的影响；国防安全与航天活动的保障研究。

5)空间天气建模。关键课题有：①区域耦合和关键区域建模。太阳耀斑/日冕物质抛射/行星际扰动传播、太阳风/磁层相互作用、磁层/电离层/中高层大气以及中高层大气/地球对流层四个耦合区域的建模，以及辐射带、极区、电离层闪烁高发区、太阳风源区等关键区域的建模、日地系统各空间区域的预报指标等。②集成建模。其一，空间天气物理集成模式，构建空间天气因果链综合模式的理论框架，发展有物理联系的成组(成套)模型，发展基于物理规律的第一代空间天气集成模式；其二，空间天气应用集成模式，以天基和地基观测资料为驱动，建立关键空间天气要素的预报和警报模式，建立为航天活动、地面技术系统和人类活动安全提供实际预报的空间天气预报应用集成模式，并开展预报试验。

6)空间天气探测新方法、新原理、新手段。关键课题有：太阳多波段测量方法和技术，行星际扰动、磁层、电离层和中高层大气的成像和遥感技术，小卫星星座技术以及空间探测的新技术、新方法。

## (三)空间物理学发展战略

在未来几年，本学科的发展战略思想是：面向国际科技前沿，面向国家重大需求。

### 1. 建立国家层面的学科协调发展的体制和机制

目前，我国空间物理学的探测、研究、应用服务各个方面，多头管理，缺乏国家层面的统一规划和发展战略。建议明确主管部门，制定统一权威的发展规划和实施计划，统筹探测、研究和应用服务的协调发展。

### 2. 建设天地一体化的空间环境综合监测体系

建立我国空间物理学探测方面的系列卫星计划，作为国家大型科技平台建设的主要组成部分，纳入国家科技发展的整体规划。地基探测以子午工程为基础，建设空间环境地基综合观测网(子午工程二期)(图 10)。

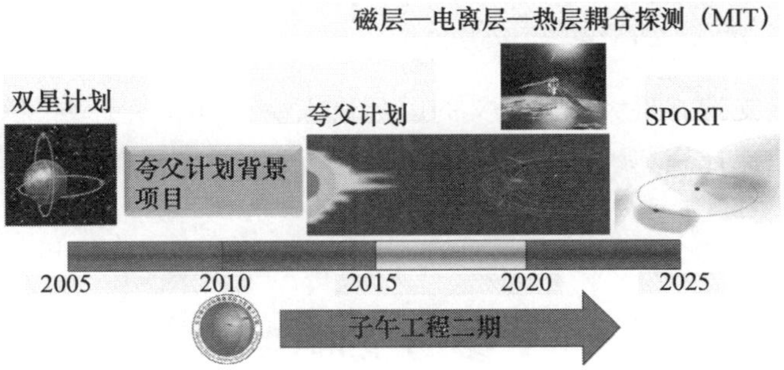


图 10　空间物理探测路线图

(1)天基

天基作为国家大型科技平台建设的主要组成部分，纳入国家科技发展的整体规划。

1)测系列：继双星计划之后，2012—2015 年期间，实施“夸父”计划，通过 3 颗卫星的联测，完成从太阳大气的遥感探测到近地空间完整的扰动因果链探测，以研究日地系统能量输入和输出、日地爆发事件的形成和因果关系，以及空间天气连锁变化过程。2018—2020 年，发射着重磁层—电离层—热层耦合探测的卫星计划(MIT 探测计划)，通过与“夸父”计划配合，充分发挥“夸父”计划 A 星的科学应用价值。

2)形成空间天气探测小卫星系列。

3)利用应用卫星搭载的机会。

(2)地基

利用多种观测手段，在子午工程为骨干的地基监测链的基础上，向经、纬向延拓，对我国重点区域加密观测，充实完善沿东经 100°和北纬 40°的两条观测链，与子午工程的东经 120°

和北纬 30°观测链共同构成覆盖我国区域上空的空间环境地基综合监测(子午工程二期)。

3. 部署 1 个重大科学研究专项计划

聚焦日地系统空间天气整体变化及其影响,组织重大研究计划,将最充分利用 2010 年建成的子午工程,已成功实施的地球"双星"计划和计划中的"夸父"计划,地震电磁探测卫星等天基、地基观测,最有效地把有限人力、物力、财力和时间聚焦在空间天气科学前沿,形成优势力量对关键科学问题的集中攻关,取得有重要国际影响的自主原创新成果,为提升我国空间天气科学研究水平在未来 10 年跨越进入国际先进水平作出核心贡献。

4. 建设数字化近地空间保障平台

以天地一天化的空间环境综合监测体系为基础,构建我国高空大气和近地空间的无缝隙监测体系,建立我国近地空间的精确、可靠、时变、可快速更新的中高层大气、电离层以及电磁环境等的数字化模式,实现零的突破。

5. 建设高水平的基础研究和应用服务的队伍

造就有国际影响的将帅人才 10～20 名,建设 5 支左右站在国际前沿的创新研究群体,培养 15～30 名国家杰出青年基金获得者,100 名以上的学科带头人和一批高水平的基础研究和应用服务的优秀队伍。加强对有潜力的年轻人才的倾斜支持力度,营造"十年磨一剑"的科研氛围,建立更加注重质量的评价体系,鼓励培养高水平人才。

6. 开展更高层次的国际合作交流

国际合作重点支持有重大科学意义的国际重大探测和研究计划,积极开展以我为主的国际科技合作交流计划,吸引海外高水平科研人员长期来华工作和年轻科研人员来华做博士后研究。

## 参考文献

[1] NASA, Heliophysics[M], 2009, http://www.nasa.gov.

[2] 国家自然科学基金委,中国科学院. 2011—2020 年我国空间科学学科发展战略报告[M]. 北京:科学出版社,2011.

[3] 王赤. 空间物理和空间天气探测与研究[J]. 中国工程科学,2008,10(6):41.

[4] 吴季,等. 萤火一号火星探测计划的科学目标[J]. 中国空间科学,2009,29(5):449-452.

[5] 国家自然科学基金委员会. 中国空间天气战略计划建议[M]. 北京:中国科学技术出版社,2004.

[6] 刘振兴. 中国空间物理学发展的回顾和展望[J]. 学会月刊,2000(1):8.

[7] 王水. 空间物理学的回顾和展望[J]. 地球科学进展,2001,16(5):664-668.

[8] 刘振兴. 地球空间双星探测计划[J]. 地球物理学报,2001,44(4):573.

[9] 王水. 日地系统研究的现状和趋势[J]. 地球物理学报,1996,39(4):5.

撰稿人:王 赤

# 月球科学与比较行星学进展

## 一、引　言

月球科学与比较行星学作为空间科学的重要组成部分，是探索太阳系起源和演化、地外生命及其相关物质、太空资源开发和利用研究的主要对象，在空间科学和航天探测发展中占有重要的地位。

月球科学与比较行星学的研究方式主要有两种：一是通过对陨石的研究来获取有关太阳系起源和演化方面的知识；另一种方式就是通过空间探测，人造地球卫星和各种行星探测器的相继发射，获得有关地球和太阳系其他天体许多的地质构造、化学特征与物理特征等的知识，成为月球科学与比较行星学发展重要的研究手段。

月球科学与比较行星学的发展，一方面依赖于陨石学研究的科学成果，另一方面依赖于空间探测的发展。随着我国人造卫星和载人航天事业的发展壮大，我国在地球以及近地空间的探测也取得了丰硕的成果。“嫦娥一号”和“嫦娥二号”月球探测卫星的发射成功，使我国在深空探测方面迈出了实质性的一步。我国已经获得有关月球形貌、月球成分、月壤厚度以及月球空间环境等方面的大量的实际探测数据，将在月球科学的研究起到关键的作用，为我国月球科学与比较行星学的发展起到积极的推动作用。

## 二、本学科的发展现状

如前所述，月球科学与比较行星学的发展一方面依赖于陨石学研究的科学成果，另一方面依赖于空间探测的发展。本报告从这两个方面论述学科的发展现状。

### (一)陨石学

#### 1. 国内陨石研究工作进展

陨石是来自地球之外的太阳系内行星和小行星的岩石或物质，它们记录了太阳系形成和行星演化过程中的重要信息，是我们探索太阳系起源的重要窗口。陨石学是以陨石、宇宙尘和行星采样为对象，研究太阳系形成和演化的过程，并对比地球与其他行星在物质组成和演化过程上的差异，探究地球的初始成分和演化历史，并为深空探测科学目标的确立和探测数据的解译服务。陨石学的主要研究方向包括：陨石类型和太阳系中行星小行星的物质成分、早期太阳星云的起源和演化、行星的增生和演化、太阳系外物质与恒星演化的物理化学过程、灭绝核素与太阳系早期演化的同位素定年、冲击变质与高压矿物学以及陨石和宇宙尘样品的收集等。

近十几年来，我国在陨石收集和研究方面取得了显著的成绩。从1998年我国首次发现南极陨石后，我国南极科学考察队在南极格罗夫山地区开展了陨石收集。同时，还开展了多方面陨石研究，如陨石的分类、特殊类型陨石、冲击变质作用、光谱学、行星的岩浆分异。有关我国陨石研究的科研、教学、宣传和交流情况以及相关的成果汇总如下：

1)初步完成我国南极陨石库的建设，并开始正常运转。陨石样品管理日益规范。

2)按照我国南极陨石相关管理规定，中国南极陨石专家委员会对科研人员开展了常规性的陨石样品申请工作，同时，也开展了对社会的南极陨石的科普宣传活动。

3)2011 年 5 月，在国家海洋局极地考察办公室组织和领导下，中国陨石专家委员会进行了换届，成立第三届南极陨石专家委员会，成员 20 人，下属有两个工作组：南极陨石样品申请评审组和南极陨石分类工作组。该专业委员会对南极陨石的管理、使用、研究等方面提供技术指导和保障。

4)发现和确定了我国第一个陨石撞击坑——辽宁岫岩陨石撞击坑，目前正在开展详细的陨石坑的地质特征和冲击作用研究。

5)组织出版了 *Polar Research Science*(第 20 卷第 2 期南极陨石专辑)，公布了我国开展南极陨石研究的部分成果。

6)正在开展南极陨石研究领域：①球粒陨石及其特殊组分研究，球粒陨石是太阳星云早期产物，它由球粒、金属、基质、难熔包体等组成。这些组分的结构和成分特征反映了其母体源区的物理化学条件。②特殊类型陨石。目前，我国已拥有大部分类型陨石样品，国内已对这些类型陨石都开展了不同程度的研究，特别是月球陨石、火星陨石、碳质球粒陨石、顽辉石球粒陨石、橄辉无球粒陨石、球粒陨石中的特殊组分等方面还受到国家自然科学基金的支持。③冲击变质和高压相矿物研究。④陨石的磁学研究。⑤月球和火星岩浆作用研究。⑥太阳系外物质研究。

### 2. 陨石研究成果

(1)南极陨石收集与分类

南极格罗夫山是我国发现的一个南极陨石富集区。我国先后在该地区收集了 1 万多块陨石。2009—2010 年，我国在格罗夫山综合考察中再次收集陨石 1618 块。同年，我国应邀与美国南极陨石考察队合作，在南极横断山脉米勒山区寻找陨石。

陨石分类是一项长期的基础性工作，是开展深入研究的必要条件。由于缺乏项目经费支持，2009 年之后，陨石分类工作处于暂停状态。

(2)辽宁岫岩陨石撞击坑的发现

陨石坑是大的流星体、小行星或彗星撞击行星及其卫星表面形成的一种特殊环状地质构造。到目前为止，地球上已发现的陨石撞击坑数量为 176 个，分布在世界上 32 个国家。从 20 世纪 80 年代开始，中国学者对中国的陨石坑开展系列调查和研究，找到了一批疑似陨石坑的环状地质构造。在国际陨石坑资料库中，中国版图上陨石坑数目仍然为零。因此，辽宁岫岩陨石撞击坑是我国天体化学领域的重要突破，对我国天体化学研究具有重要的科学意义。

辽宁岫岩陨石坑是一个直径 1.8km 的碗形坑(图 1)，坑底到坑唇顶部平均高差约 150m。坑区基岩为下元古界辽河群里尔峪组变质岩，由变粒岩、片麻岩、角闪岩、透闪岩和大理岩等岩石组成。坑唇大部分地区被厚度达数米的风化层、残积和坡积物覆盖，仅局部有变形基岩出露。坑底被第四系湖泊相沉积物充填。坑底上部为107m富含有机质的湖泊相沉积物，下覆一套厚度为188m松散的角砾状岩石碎屑及撞击角砾岩堆积单元，其中撞击角砾岩主要分布在底部厚度约35m范围。撞击角砾岩是一种多岩性角砾岩，主要由浅粒岩、片麻岩、角闪岩、玄武岩和大理岩碎屑、岩石熔体玻璃以及细粒矿物基质等混合组成。

图1　岫岩陨石撞击坑的全景照片

(3)特殊类型陨石的发现和研究

在陨石研究中，特殊类型陨石是热点领域。我国在陨石研究中发现了一些特殊类型陨石，相应成果如下：

1)E/H过渡型陨石。南极格罗夫山陨石GRV020043是一块特殊的球粒陨石，虽与普通球粒陨石有着相似的矿物组合，但矿物成分超出普通球粒陨石范围。主要矿物组合及其模式含量(vol%)是：斜方辉石40、橄榄石24、透辉石8、斜长石10、Fe-Ni合金14、陨硫铁4vol%、及少量铬铁矿和磷灰石。主要组成矿物成分均一，如斜方辉石(Fs10.1～11.6，平均Fs10.9)、橄榄石(Fa10.4～12.4，平均Fa11.0)、透辉石(Wo46.1～47.1 En49.0～49.6 Fs3.8～4.4，平均Wo46.6 En49.3 Fs4.0)、斜长石(Ab55.7～72.5 Or2.1～5.0 An24.0～42.1，平均Ab67.6 Or3.4 An29.0)等。该陨石球粒轮廓清晰结构完整，球粒丰度37%(体积比)，基质具有中等重结晶，岩石类型属于4型。根据矿物成分判断，GRV020043陨石的氧化程度和橄榄石含量介于E群和H群之间，故将该陨石划分为E/H过渡型球粒陨石。

2)冲击熔融型普通球粒陨石。南极陨石GRV052483样品为中国第22次南极科学考察队在蓝冰上发现的一块普通球粒陨石。初步研究发现，该样品中球粒结构并不发育。薄片中可见大量自形—半自形橄榄石斑晶镶嵌在细粒基质矿物中，具有典型的斑状结构。这些橄榄石斑晶大多为残留相，斑晶橄榄石和基质中主要矿物橄榄石、低钙辉石成分均一，平均橄榄石Fa值为24.7 mol%，而低钙辉石平均Fs值为21.1 mol%，斑晶中偶有粗粒长石玻璃化，根据岩相学及矿物成分特征，可确定此陨石为L6。不透明矿物含量较少，包括金属(铁纹石和镍纹石)与陨硫铁，此外可见少量的铬铁矿和磷灰石。冲击熔融脉发育、斑晶中粗粒长石玻璃化、基质中橄榄石、辉石、长石重结晶等现象说明该样品经历了强烈冲击，其冲击程度可能达到S6以上。因此，GRV052483可能为撞击熔融型L6普通球粒陨石。

3)原始的普通球粒陨石。南极格罗夫山陨石GRV053645是一块非常原始的普通球粒陨石，它很好地保存了太阳星云凝聚和增生的相关信息，对研究太阳星云的起源意义重大。根据Fe-Ni合金含量、球粒平均直径大小和橄榄石平均Fa值，表明这块陨石属于低铁群(L)。利用橄榄石 Fa 的 PMD 值与岩石类型亚类的相关性,其岩石类型应为 3.4 亚类。该陨石冲击变质程度和风化等级都比较低,分别为 S2 和 W1。

4)火星陨石研究。Y984028 是一块新的二辉橄榄岩质火星陨石,具有两种明显不同的岩石结构:粒间结构和嵌晶结构。与嵌晶结构区域的矿物相比,粒间区域的铁镁质硅酸盐贫 FeO、铬铁矿贫 $TiO_2$。虽然 Y984028 的岩石结构和矿物化学成分与 GRV99027 非常相似,但两者的冲击变质特征有明显差异,表明 Y984028 不是 GRV99027 的成对陨石。Y984028 经历了强烈的冲击作用,冲击后由于该陨石没有遭受明显的热变质,因而该样品是研究类地行星早期撞击过程的探针。Y984028 熔脉中主要包含细小的矿物碎屑,部分矿物边缘发育细粒化结构,没有发现任何高压相矿物,表明 Y984028 在撞击过程中发生了部分熔融,在较低压力下发生淬火。

5)月球陨石研究。Miller Range(MIL)05035 和 LaPaz Icefield(LAP)02224 是两块非角砾月海玄武岩陨石。MIL 05035 中钙锆钛矿 Pb/Pb 年龄为(3851±8)Ma(2σ),与前人其他方法的结果一致。该年龄指示 MIL 05035 可能与 Asuka 881757 是成对陨石,且 MIL 05035 代表的岩浆作用可能与 39 亿年前月球表面的强烈撞击事件有关。测试了 LAP02224 中两颗斜锆石的 Pb/Pb 年龄,其中一颗较大斜锆石(6μm×20μm)呈现年龄分带现象,从(3109±29)Ma(2σ)到(3547±21)Ma(2σ),远大于该陨石的全岩年龄(3.02±0.03)Ga,另一颗斜锆石年龄为(3005±17)Ma(2σ)。该结果说明 LAP 02224 的结晶年龄至少为 3.55Ga,先前获得的 3Ga 全岩年龄不是该陨石的结晶年龄,而反映了后期热事件的影响。结果显示钙锆钛矿和斜锆石可以获得较全岩更为可靠和精确的年龄,对研究月海玄武岩的成因有着更深远的意义。

6)灶神星陨石研究。Grove Mountains(GRV)051523 是一块新发现的钙长辉长无球粒陨石,主要由粗粒辉石(62.9 vol%)和长石(34.2 vol%)以及少量不透明矿物(2.7 vol%)组成,含很少量的二氧化硅晶屑和细粒富铁橄榄石(Fa75)。粗粒辉石包括易变辉石和普通辉石,两者均普遍具有出熔现象,出熔的晶片大部分宽 1～3μm。不透明矿物为铬铁矿、钛铁矿和硫化物。该陨石受到强烈的撞击并角砾化,形成冲击熔脉。粗粒辉石晶体普遍存在微粒状或细针状铬铁矿,并具有定向分布特征,可能也与强烈的冲击变质有关。不同产状的辉石成分均一,表明该陨石经历过强烈的热变质,使其矿物化学组成基本达到平衡,因此将其岩石类型划分为 5～6 型。GRV051523 的发现为了解灶神星的物质组成、岩浆分异以及多阶段撞击和热变质历史提供了新材料。

(4) 冲击变质作用研究

冲击变质效应是陨石的一个基本特征,我国在这个领域开展了较多的研究。

1)冲击变质程度研究。根据陨石中硅酸盐矿物和不透明矿物的冲击变质效应,其中包括波状消光、破裂、马赛克消光、冲击熔融和金属硫化物枝状共晶等特征,对所有的分类陨石均进行了冲击变质程度划分。通过这些工作,发现了一些强烈冲击变质的陨石和一些特殊的冲击现象。如在 GRV022469 冲击熔脉中发现了瓦茨利石。GRV022469 成为我国第一块发现高压相矿物的南极 H 群普通球粒陨石。

2)冲击熔融和分离结晶理论研究。应用近代微束矿物学分析测试技术,对在中国陨落的随州、寺巷口和岩庄 3 块球粒陨石中矿物的冲击熔融和分离结晶作用进行了较系统的研究。查明存在有硅酸盐单矿物熔体、硅酸盐矿物混合熔体和全岩熔体 3 种组成不同的冲击熔体。研究结果显示：①3 种熔融相与未熔相之间在主成分和微量元素组成上没有明显差别，说明它们是原地熔融的产物，但在较大的冲击熔块中，也发现冲击熔融作用引发了一部分元素，如亲铁元素、硒元素和轻重稀土元素的分异现象；② 查明 $Al_2O_3$、$Cr_2O_3$、$Na_2O$ 和 CaO 等优先进入从冲击熔体结晶的辉石常压相或辉石的高压相——镁铁榴石（属地幔过渡带矿物）中；③ Al 元素能进入阿基莫石（即辉石的钛铁矿结构相，属下地幔矿物）中，以固熔体形式稳定下来。ELNES 的测定查明，其氧化铁组分中 $Fe^{3+}/\sum Fe$ 的比值高达 0.67；④ 陨石全岩熔体中硅酸盐相与金属-硫化物相之间为完全不混熔，后者以孤立的共结体团块产于硅酸盐熔体之中，除 Zn、Na、Cr、Co 和 Cu 在硫化物相中和 Na 在金属相中有明显富集外，其他元素的浓度则无明显变化。

3)高压相变研究。对 2 个不同冲击变质程度球粒陨石研究表明，橄榄石晶内高压多形转变可在较低温度（$<$1000℃）和较大压力范围内（14.5～23GPa）产生。橄榄石晶内高压相转变主要是形成薄层状林伍德石，不发生直接的橄榄石—瓦士利石转变。由微晶集合体组成的薄层状林伍德石多沿着橄榄石中层错和面状裂隙分布并替代母相橄榄石。某些陨石中橄榄石产出薄层状瓦士利石和薄层状林伍德石组合，这些瓦士利石的形成与退变质作用有关，是压力释放过程林伍德石被瓦士利石替代的结果。研究结果对探讨岩石圈俯冲板块橄榄石多形转变环境和温度压力条件具有一定的参考意义。

4)冲击变质历史研究。寺巷口陨石是一块经历强冲击变质的普通球粒陨石。系统研究陨石主体和冲击熔融脉的岩相学和矿物学。该陨石中球粒较少且轮廓和内部结构均模糊不清，基质重结晶程度高，橄榄石和辉石的成分非常均一。单斜辉石—斜方辉石矿物对计算得到的平衡温度峰值为（891±36）℃。说明寺巷口陨石的热变质程度与 6 型一致。陨石主体中的橄榄石具有明显的波状消光和面状变形裂隙，熔长石广泛存在，在冲击熔融脉中含有粗粒的林伍德石和镁铁榴石以及细粒的高压矿物组合，这些特征预示寺巷口陨石经历了 S6 级的冲击变质作用，且形成冲击脉的峰期压力可能在 20～24GPa，温度可能高于 2000℃。冲击熔融脉中白磷钙矿和铬铁矿的存在可能是因为经历了较长的退火时间，导致其高压矿物的回退。

(5)陨石磁化率研究

我国在南极格罗夫山发现并收集到大量南极陨石，需要一种无损、快速简单的分类方法。陨石磁化率（$\chi$）的主要贡献是其中的铁镍金属，因而有可能成为一种简便有效的分类参数。同时，磁化率是陨石的一个重要物理参数。我们在国内首次开展陨石磁化率的研究，通过对模拟陨石磁化率样品的测量，证明可以通过不同取向的测量平均，将样品的大小和形状等几何因素的影响减小在仪器的测量精度范围之内。完成了首批 613 块南极格罗夫山陨石的磁化率测量，除普通球粒陨石外，还包括火星陨石、灶神星陨石、碳质球粒陨石、中铁陨石、橄榄陨铁、橄辉无球粒陨石等特殊类型。根据质量磁化率，可以划分大部分 H、L、LL 群陨石。特别重要的是，磁化率对于划分非平衡的普通球粒陨石化学群提供了更为可靠的参数。格罗夫山 H 群陨石的磁化率分布与南极其他地区的陨石十分相似，二者相对降落型陨石均向低质量磁化率方向平移 0.2（$10g\chi$，$10^{-9}\,m^3/kg$），反映了风化作用对南极陨石磁化率的平均影响程度；格罗夫山 L 群陨石的质量磁化率分布同样较降落型陨石偏低 0.2 左右，但南极其他地区的陨石与沙漠陨石的磁化率分布相似，二者均更为离散和偏低，可能反映了不同的风化程度。

## （二）深空探测

我国开展深空探测的历史不是很长，月球探测工程的启动和实施开创了我国深空探测的历史。月球探测工程计划分三阶段实施，预计在 2020 年前完成采样返回。

第一期为"绕"的阶段，主要目标是发射"嫦娥一号"探测卫星，获取月球表面三维影像，分析月球表面元素含量和物质类型的成分，探测月壤特性，探测地月环境。

第二期为"落"的阶段，主要目标是实现月球表面软着陆与月球巡视探测，进行月表形貌与地质构造调查、月表物质成分和资源勘察、月球内部结构研究和日—地—月空间环境探测与月基天文观测。

第三期为"回"的阶段，主要目标是实现无人月球采样返回。

在"十五"期间主要完成了绕月探测卫星的预研并于 2004 年正式立项，2007 年 10 月 24 日月球探测工程一期"嫦娥一号"卫星成功发射，11 月 20 日传回第一幅月面 CCD 图像，成为我国航天事业的第三个里程碑，同时这也是我国首次进入行星际开始科学探测。目前月球探测二期工程已正式立项，预计 2013 年左右实现月面软着陆探测和月球车的自动巡视勘察。三期工程预计于 2017 年左右实现首次无人采样返回。

另外，中国国家航天局与俄罗斯联邦航天局达成共识，两国于 2011 年共同开展火星探测，形成"中国—俄罗斯联合探测火星计划"。俄罗斯负责研制"福布斯（Phobos - Grunt）"探测器，在火卫一上着陆、采样、返回地球；同时利用火卫一为平台，探测火星的空间环境。中国负责研制"萤火一号"（YH - 1）火星探测器，环绕火星探测火星的空间环境。

### 1. 月球探测

月球是距离地球最近的天体，是人类开展深空探测的首选目标。月球是研究地球、地—月系和太阳系的起源与演化的重要对象，具有可供人类开发和利用的各种独特资源，也是人类向外层空间发展的理想基地和前哨站。月球同时是研究空间天文学、空间物理学、月球科学、地球与行星科学和材料科学的理想研究场所。

月球探测工程是当今世界高新科技中极具挑战性的领域之一。实施月球探测工程，对于提高我国的科技自主创新能力，促进我国航天技术的跨越式发展，带动相关高新技术的进步，进而推动我国的社会经济发展，具有十分重要的意义。

2000 年 11 月 22 日，国务院新闻办公室发表《中国的航天》白皮书，明确提出了我国开展深空探测的发展目标。我国在应用卫星和载人航天技术领域已经取得重大突破，深空探测刚刚起步。从科学和技术两方面看，月球探测是深空探测活动的第一步，我国作为一个世界大国和主要航天国家，理应在这一领域占有一席之地，有所作为。

综合分析国际月球探测的发展历程以及近年来主要航天国家和组织提出的 21 世纪初月球探测战略目标和实施计划，结合我国的科学技术水平、综合国力和国家整体发展战略，经过多年论证，在 2003 年 9 月上报专委会的《我国月球探测工程总体思路》报告中，正式提出我国的月球探测工程发展思路，根据循序渐进、分步实施、不断跨越，保持一定的连续性、继承性和前瞻性的原则，将其分为一期、二期、三期三个发展阶段，简称“绕、落、回”。一期工程的主要目标是实现绕月探测，二期工程是实现月球软着陆探测和自动巡视勘察，三期工程是实现自动采样返回。其中，绕月探测是对月球进行全球性、综合性和整体性的认识；月球软着陆探测、巡视勘察与采样返回，则是对重点区域进行精细深入的研究。

(1)绕月探测工程

经过2004立项年，2005攻关年和2006决战年和2007决胜年等阶段的研制和生产，“嫦娥一号”卫星于2007年10月24日在西昌卫星发射中心成功发射。

考虑到我国的科学技术水平、综合国力和国家整体发展规划，结合国际月球探测的主要特点，我国绕月探测工程确定了4项科学目标，并遴选了8台有效载荷配合完成科学探测任务。其中第一项科学目标是获取月球表面三维影像，为了实现该目标的科学探测任务，在“嫦娥一号”卫星上搭载了两台有效载荷即：CCD立体相机和激光高度计。第二项科学目标是分析月球表面元素含量和物质类型的分布特点，为实现上述科学探测任务，在“嫦娥一号”卫星上搭载了3台有效载荷，即γ射线谱仪、X射线谱仪和干涉成像光谱仪。第三项科学目标是探测月壤特性为完成该项科学探测任务，在“嫦娥一号”卫星上搭载了微波探测仪开展科学探测。第四项科学目标是探测地月空间环境，在“嫦娥一号”卫星上搭载2台有效载荷，即太阳高能粒子探测器和太阳风离子探测器来完成科学探测任务。

从2007年11月20日CCD立体相机开机探测并传回图像数据起，到11月28日伽马射线谱仪开机止，“嫦娥一号”卫星上搭载的8台有效载荷全部成功开机探测并获得了有效探测数据。这些珍贵的探测数据通过绕月探测工程地面应用系统的密云50m天线以及昆明40m天线数据接收站成功接收，并在地面应用系统成功进行了处理，顺利生成了0级、1级和2级标准数据产品和3级应用数据产品。按照绕月探测工程的数据发布政策，这些数据已提供给全国乃至全世界的科学家开展月球科学和相关领域的科学研究工作。2009年3月1日，在地面的遥控指挥下，“嫦娥一号”准确撞击月球丰富海附近的预定区域，完成全部使命。目前，“嫦娥一号”的科学探测数据已经陆续发布给了国内外的科学家，努力用我国自己的第一手探测数据研究出一流的科学成果。据不完全统计，截止到2011年6月，在各类刊物上已经发表科研论文共160余篇，各类会议文章80余篇，学位论文30余篇，发明专利近30项，软件著作权近20项，申请规范13项，专著4部。

(2)月球探测二期工程的工程实施

月球探测二期工程于2006年正式被国家列入中长期科技发展规划的16个重大专项中。2008年2月15日，国务院办公会同意实施探月二期工程，2010年10月1日，成功发射了探月工程二期的技术试验星——“嫦娥二号”卫星。

探月工程二期将实现我国首次地外天体的软着陆，使我国掌握深空探测和空间科学领域的核心技术，获得月球及地月空间的科学数据，取得一批原创性的科学成果，催生一批边缘和交叉学科的出现与发展；建立较为完备的月球探测工程系统和相关基础设施，提升我国深空探测的系统集成能力，实现航天技术的跨越式发展；研制适应复杂月面环境的新型探测器，带动相关领域的自主创新，促进相关产业和技术的发展。

月球探测二期工程的任务目标包括工程目标和科学目标两个部分。其中，工程目标是：

1)突破月球软着陆、自动巡视勘察、深空测控通信、月夜生存等关键技术，提升航天技术水平。

2)研制月球软着陆探测器和月面巡视探测器，建立地面深空站，获得包括运载火箭、探测器、深空站等在内的功能模块，具备月球软着陆探测的基本能力。

3)建立月球探测航天工程基本体系，形成重大项目实施的科学有效的工程方法，为后续工程服务。包括管理、设计、制造、地面试验验证设施、在轨运行控制以及人才队伍等，推动我国深空探测活动的持续发展。

科学目标是：

1)月表形貌与地质构造调查：包括着陆区和巡视区的形貌探测；撞击坑的调查与研究；月壤特性、厚度与月壳浅层结构探测；月球地质构造综合研究四个方面。

2)月表物质成分和可利用资源调查：获取月球的化学成分、矿物组成、岩石类型及其分布规律，对着陆区和巡视区矿物组成与化学成分的就位分析，矿产与能源资源的调查与评估等。

3)月球内部结构研究：通过探测月震和小天体撞击引起的月震波反演月球的内部结构，通过精确测量月球轨道参数研究月球动力学、引力理论和月球内部结构。

4)日—地—月空间环境探测：开展月表太阳风、太阳耀斑和银河宇宙线高能粒子与低能离子月表粒子环境探测，开展对地球空间等离子体层极紫外成像探测。

5)月基光学天文观测：在月球上进行光学天文观测，填补国内外天文学研究领域空白。

根据月球探测二期工程任务目标的需求，工程大系统由五大系统组成：探测器系统、运载火箭系统、测控系统、发射场系统、地面应用系统。五大系统的工作在工程总体统一领导下完成。

为了实现探月工程二期的各项任务目标，降低工程实施的风险，确保成功，工程分两步完成，第一步在 2010 年发射技术试验卫星，验证部分关键技术。第二步是实现二期的主任务，实现在月面的软着陆探测和巡视勘察。

“嫦娥二号”技术试验卫星于 2010 年 10 月 1 日在西昌卫星发射中心发射成功，目前已经完成了预定的各项探测和试验任务，于 2011 年 6 月 9 日离开月球飞向离地球 150 万 km 的拉格朗日 L2 点。

(3)月球科学研究

在“嫦娥”工程、“863”计划、国家自然科学基金以及中国科学院知识创新工程等的资助下，开展了“嫦娥”工程科学数据反演和应用等的研究工作，主要包括以下几个方面的内容：

1)全月球数字地形图的研制及其相关技术的攻关；

2)月球表面 γ 射线、X 射线谱仪数据处理技术的研究以及月球表面 U/Th/K 以及 Mg/Al 等元素的含量与分布特征；

3)干涉成像光谱仪数据的预处理技术与元素和矿物反演的研究；

4)微波探测仪数据的处理与微波月球的研究；

5)空间环境探测数据的处理与研究；

6)月球地体构造与月球整体演化的研究；

7)月球软着陆点候选区的优选研究。

据不完全统计，截止 2011 年 6 月，在各类刊物上已经发表科研论文共 160 余篇，各类会议文章 80 余篇，学位论文 30 余篇，发明专利近 30 项，软件著作权近 20 项，申请规范 13 项，专著 4 部。

(4)载人登月的研究与论证

根据我国月球探测发展战略，有关部门和单位开展了载人探月可行性和必要性等的分析和研究。特别地，2009 年中国科学院发布《创新 2050：科学技术与中国的未来》丛书，在“中国至 2050 年空间科技反战路线图”中，认为中国要实现载人登月是 2030 年。

2. 火星探测

火星是位于地球轨道外侧的第一颗行星，通过探索火星，人类希望建立第二家园和寻找地球外生命。研究火星的磁场、大气和气候、空间环境、地貌等内容，并掌握其规律，是实现这一目标的重要途径之一。

(1)火星探测器

2005 年 11 月 3 日至 4 日，中俄两国总理在海南省三亚市举行中俄总理第十次定期会晤，会晤中两国考虑联合制定从 2007 年开始执行的双边太空探索计划，包括联合探测火星的计划。

2007 年 3 月 26 日，在胡锦涛主席和普京总统的见证下，两国航天局签署了《中国国家航天局和俄罗斯联邦航天局关于联合探测火星—火卫一合作的协议》。

中国国家航天局与俄罗斯联邦宇航局达成共识：两国共同开展火星探测，制订“中国—俄罗斯联合火星探测计划”。其中，俄罗斯负责研制福布斯(Phobos)探测器在火卫一上着陆，采集土壤并运输返回至地球；同时利用火卫一为平台，探测火星的空间环境。中国负责研制“萤火一号”(以下简称 YH－1)火星探测器，进入环绕火星轨道，对火星的空间环境如火星的弓激波、火星磁鞘、电离层等进行独立而深入的探测研究。俄罗斯“福布斯”探测器与 YH－1 火星探测器采用一箭双星的发射模式，利用俄罗斯联盟 2－1B 运载火箭在哈萨克斯坦境内的拜科努尔发射场发射。经过 10～11 个月的地球—火星的轨道转移飞行。火星探测器经在轨测试后交用户使用，在轨运行寿命 1 年。

YH－1 火星探测器的运行轨道为环绕火星的大椭圆轨道，近火星点距火星表面 400～1000 km，远火星点距火星质心 74000～80000 km，轨道平面与火星赤道平面夹角 0°～5°。环绕火星的轨道周期为 72.84 小时。

YH－1 火星探测器采用长方体结构，重量约为 115kg。如图 2，图 3。

YH－1 火星探测器以火星空间环境探测为切入点，研究火星空间环境的结构及其随太阳风扰动的变化规律；研究火星大气中水分子损失的机制，估算火星在过去几十亿的演化过程中，生命可居住性的变化特点。YH－1 火星探测器的科研结果又能与国际上其他火星探测计划相互补充。

火星探测器主要科学目标：

1)探测火星的空间磁场、电离层和粒子分布及其变化规律。

利用磁强计探测火星空间磁场的分布、结构及其随太阳风变化的特性；利用等离子体

图 2　YH－1 火星探测器发射状态构型

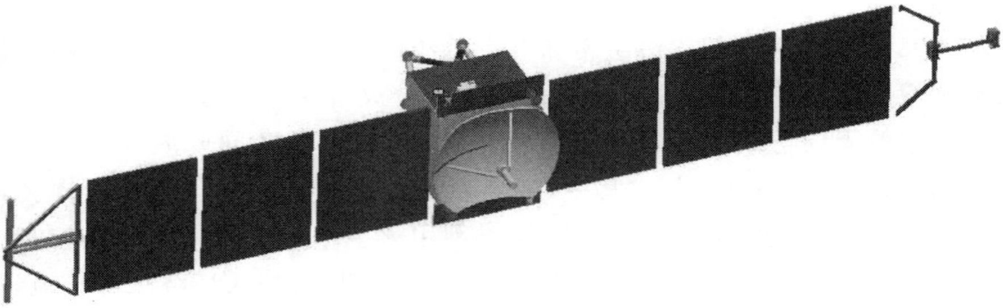

图 3　YH－1 火星探测器展开状态构型

探测包和磁强计探测火星弓激波、磁鞘、磁场堆积区、电离层的粒子分布特性及其对太阳风扰动的响应过程和变化规律；利用俄罗斯福布斯探测器上的发射信号，与其开展火星电离层的星—星掩星探测和星地掩星，反演火星电离层电子密度分布，特别是对火星正午附近太阳天顶角小于 43°，和子夜附近太阳天顶角大于 138°的电离层区域进行掩星探测，研究该区域的特性及背阳面电离层的产生机制。

2）探测火星大气离子逃逸率。

利用等离子体探测包探测离子逃逸率，结合磁场探测数据研究逃逸的物理过程和输运机制，探索太阳风与火星大气相互作用对火星水体损失的影响。同时俄罗斯福布斯探测器上的等离子体、磁场探测，既可提供太阳风的实时监测数据，还可以对离子逃逸过程开展两点联合观测。

3）探测火星地形、地貌、气候变化与沙尘暴。

利用低分辨光学成像仪探测火星大尺度地形地貌结构及沙尘暴现象，结合电离层的探测，研究沙尘暴对电离层的扰动。

4)探测火星赤道附近的重力场。

(2)探测器因其主发动机未能启动而失败

搭载中国首个火星探测器“萤火一号”的俄“福布斯—土壤”探测器，于 2011 年 11 月 9 日从哈萨克斯坦境内的拜科努尔发射场升空。在与运载火箭分离后，该探测器因其主发动机未能启动，无法实现变轨。据新华社报道，目前俄方航天专家已经放弃接收该探测器遥感信号的努力。

(3)火星探测科学目标与关键技术攻关

在“863”计划和航天预研项目的资助下，国内相关单位已经开展了有关火星探测科学目标、关键技术以及我国首次自主火星探测实施方案的研究。这些课题的顺利开展必将为我国后续深空探测工程的实施提供技术和基础科学研究的保障。

3. 深空探测科学目标以及发展战略的研究

月球探测作为深空探测的起点但绝对不是深空探测的终点，开展月球以远的深空探测活动也必然是我国未来空间探测的发展趋势，在有关部门的组织下，有关深空探测科学目标以及发展战略的研究正在紧锣密鼓的展开。

## 三、国内外学科发展比较分析

### (一)陨石学研究

国际上，陨石研究已经历了非常长的历史，其研究内容和范围已涉及各个领域，如类型、矿物岩石结构、化学成分、同位素成分、物性。随着现代测试技术和研究程度的发展，陨石研究表现出如下特点和趋势。

1)热点研究领域：前太阳物质、灭绝核素、太阳星云的凝聚和分馏、行星的早期演化和冲击变质作用。

2)测试方法上，趋于采用高精度测试技术和原位分析技术方法，如离子探针(Nano - SIMs)和激光多接收电感耦合等离子质谱(LA - MC - ICPMS)。

3)特殊类型陨石研究，特别是火星陨石和月球陨石。

4)研究对象多元化，由单个陨石研究趋于多陨石对比研究。

5)研究对象趋于细微化，如微陨石和陨石中的前太阳颗粒。

6)多学科交叉的特点，如太阳系外物质研究就包含天体化学、天体物理、宇宙学、核物理等多学科。

7)模拟实验与自然陨石对比研究。

8)南极陨石和沙漠陨石研究。

近年来我国天体化学和陨石学有了长足的发展。一方面，我国在南极获得了丰富的陨石样品，为天体化学研究提供了充足的样品；另一方面，人才队伍在一定程度上有了很好的改善，并且在很多领域开展了陨石研究。但是，相对而言，研究队伍还是比较薄弱，研究领域偏窄，国内在一些研究热点方面仍然是空白。

### (二)深空探测

随着我国月球探测工程的立项启动,我国在深空探测方面也已迈出了第一步。毋庸置疑,在深空探测方面,与国外相比,我国存在的差距是明显的。随着"新地平线"冥王星探测器在 2006 年 1 月 21 日成功发射,人类已经向太阳系内所有 8 大行星和矮行星都发射了探测器。人类登陆月球、软着陆近距离探测火星等的一系列探测活动都为月球科学与比较行星学的发展注入了强大的动力。因此,尽快开展空间探测来弥补我国在月球科学与比较行星学发展方面的差距是我国月球科学与比较行星学发展的一项重要内容。

虽然我国的航天技术发展迅速,但在深空探测领域我国仍处于起步阶段,无论在探测技术还是科研基础以及人才储备等各个方面都与发达国家存在较大的差距。"嫦娥一号"月球探测卫星是我国首个深空探测航天器,卫星在研制过程中突破了轨道设计、姿态控制、测控通信等多项关键技术,但与国外同期月球探测器相比,"嫦娥一号"在整星质量、载荷比例、载荷的技术水平、轻小型集成度等方面还存在着一定差距。在地面测控方面,为了完成月球探测二期的通讯任务,我国正在黑龙江佳木斯和新疆喀什分别建设 64m 和 35mS/X 双频段地面深空站,采用 X 频段执行测控任务,已经建成口径 50m 的数据接收天线。美国和欧洲的深空探测网不但拥有 70m 口径的天线,而且其深空网可以实现全球覆盖。此外我国在运载能力上也与国外有较大差别。在运载能力上我们目前运载能力最大的火箭为 CZ—3B,其标准同步转移轨道运载能力为 5019kg,而美国、欧洲和俄罗斯的运载能力均大于这一指标,在入轨精度上,我国运载火箭的指标离世界先进水平也有一定距离。目前我国从事陨石学和深空探测领域科学研究的人才队伍还比较匮乏,据不完全统计,在该领域内的主要科研人员的种类有:院士 16 人,研究员 128 人,副研究员 130 人,与即将开展大规模的陨石研究和深空探测研究的现状很不相符。

## 四、本学科领域的发展趋势

### (一)陨石研究

根据我国空间探测发展战略和国际陨石研究的发展趋势,我国在今后的陨石研究和学科发展方面拟开展如下工作:

1)为了更好地加强陨石收集工作,我国最好成立专业的南极陨石收集考察队。

2)继续加强陨石专业人才培养,呼吁高校和研究所重视该领域研究生教育。

3)加强天体化学和陨石学研究实验条件的建设,促进和提高陨石研究水平。

4)在研究领域方面,期望加强在如下领域的研究:

继续开展南极陨石的分类命名工作,注重发现特殊类型陨石;

火星陨石和月球陨石及类地行星的演化;

球粒陨石及其早期太阳星云的演化;

陨石中冲击相矿物的研究;

其他创新领域研究。

## (二)深空探测

根据我国深空探测发展的现状和国际深空探测发展的趋势，近两年来月球科学与比较行星学的研究应以月球科学的研究为主，在开展月球探测与月球科学研究的同时需进一步开展了火星探测与比较行星学的研究，主要应包括以下内容：

1)继续开展“嫦娥一号”和“嫦娥二号”数据的应用和研究，争取获得具有原创性的科学成果；

2)加紧开展探月工程二期和三期工程的实施；

3)研究国际深空探测的科学问题和发展趋势，制定深空探测发展战略和科学目标；

4)开展比较行星学的研究。

# 参考文献


[1] 中国科学院空间领域战略研究组．中国至2050年空间科技发展路线图．北京:科学出版社，2009.

[2] 欧阳自远．太阳系探测及类地行星演化的共性与特性//21世纪我国地球科学研究的若干重大科学问题．北京:科学出版社，2007.

[3] 欧阳自远，李春来，邹永廖，等．绕月探测工程科学应用研究进展．中国科学院院刊，2009(5).

[4] 李春来，刘建军，任鑫，等．嫦娥一号图像数据处理与全月球影像制图．中国科学：地球科学，2010，40.

[5] 刘建忠，欧阳自远，张福勤，等．月球的地体构造与起源模式．岩石学报，2009，25(8).

[6] 凌宗成，张江，刘建忠，等．“嫦娥一号”干涉成像光谱仪数据 Feo 反演初步结果．科学通报，2010，55(35).

[7] 李泳泉，刘建忠，欧阳自远，等．月球表面岩石类型的分布特征:基于 Lunar Prospector(LP)伽马射线谱仪探测数据的反演．岩石学报，2007(5).

[8] 王文睿，李斐，刘建军，等．嫦娥一号激光测高数据的月球三轴椭球体模型．中国科学:地球科学，2010(8).

[9] Huang Q, Ping J S, Su X L, et al. New features of the Moon revealed and identified by CLTM-s01 Science in China Series G-physics Mechanics & Astronomy, 2009(12).

[10] Ping J S, Huang Q, Su X L, et al. Chang'E-1 orbiter discovers a lunar nearside volcano. YUTU Mountain Chinese Science Bulletin, 2009(12).

[11] 姜景山，王振占，张晓辉，等．微波月亮——人类对月球的全新视角——中国“嫦娥一号”卫星微波探测仪若干探测结果．遥感技术与应用，2009(4).

[12] 赵葆常，杨建峰，常凌颖，等．嫦娥一号卫星成像光谱仪光学系统设计与在轨评估．光子学报，2009(3).

[13] 王振占，李芸，姜景山，等．用“嫦娥一号”卫星微波探测仪亮温反演月壤厚度和～3He资源量评估的方法及初步结果分析．中国科学(D辑):地球科学，2009(8).

[14] 吴昀昭，徐夕生，谢志东，等．嫦娥一号 IIM 数据绝对定标与初步应用．中国科学(G辑):物理学力学 天文学，2009(10).

[15] 王景然，陈圣波，崔腾飞．嫦娥一号卫星 CCD 立体相机月表图像镶嵌．空间科学学报，2010，30

(6).

[16] 孟治国，陈圣波，崔腾飞，等．基于嫦娥一号卫星激光高度计数据的月表有效反射率．吉林大学学报：地球科学版，2010(5).

[17] Miao B, Lin Y, Wang D. Petrology and mineralogy of GRV021710, A new CR chondrite from Antarctica. Meteoritics & Planetary Science, 2007,42(Supplement, The 70th Annual Meteoritical Society Meeting): A106. http://www.lpi.usra.edu/meetings/metsoc2007/pdf/5193.pdf (SCI, ISTP).

[18] Miao B, Lin Y, Wang D. The petrology and origin of new ureilites found in Grove Mountains, Antarctica. The 31st Syposium on Antarctic meteorites, National Institute Polar Research, Tokyo, Japan, June 5 - 7, 2007:50 - 51. http://yamato.nipr.ac.jp/AMRC/symposium/2007/abstracts/Miao.pdf.

[19] Feng L, Lin Y. Extractin compositions from Raman spectra of ringwoodite in the heavily shocked Grove Mountains meteorites 71st Annual Meteoritical Society Meeting,2008, 5077.

[20] Hsu W B, Guan Y B, Wang H N, et al. The lherzolitic shergottite grove mountains 99027:rare earth element geochemistry. Meteoritics & Planetary Science, 2004,39 (5), 701 - 709.

[21] Hsu Weibiao, Guan Y, Wang Henian, et al. The lherzolitic shergottite Grove Mountains 99027: Rare earth element geochemistry. Meteoritics & Planetary Science,2004, 39, 701 - 709.

[22] Feng L, Lin Y, Hu S, et al. Assemblages of olivine polymorphs in Grove Mountains (GRV) 052049: Constraints on pressure-temperature condition of shock metamorphism. Meteoritics & Planetary Science, 2007,42 (Supplement, The 70th Annual Meteoritical Society Meeting): A45 (SCI,ISTP).

[23] Lin C Y, Zhang F S, Wang H N, et al. Antarctic GRV 99027:a new member of SNC meteorites. Lunar and Planetary Science,2002, ⅩⅩⅩⅢ 1562.

[24] Lin Y, Guan Y, Wang D, et al. Petrogenesis of the New Lherzolitic Shergottite Grove Mountains 99027: Constraints of Petrography, Mineral Chemistry, and Rare Earth Elements. MAPS, 2005, 40(11): 1599 - 1619.

[25] Lin Y, Ju Y, Xu X, et al. Recovery of 5354 Meteorites in Grove Mountains, Antarctica, by the 22nd Chinese Antarctic Research Expedition. MAPS, 2006,41(suppl.): A107.

[26] Lin Y, Liu T, Shen W, et al. Grove Mountains (GRV) 020090: A highly fractionate lherzolitic shergottite. Met eoritics and Planetary Sciences, 2008,43, supplement: A185.

[27] Lin Y, Luo H, Hu S, et al. Magnetic susceptibility of Grove Mountains meteorites. 71st Meeting of the Meteoritical Society, held in Matsue, Japan, on July 27 - Aug. 1. In Meteorite and Planetary Sciences, 2008, supplyment: A185.

[28] Lin Y, Qi L, Wang G, et al. Major, trace and platinum-group elements of the martian lherzolite Grove Mountains (GRV) 99027 (abstract). MAPS, 2005,40(9, suppl.): A92.

[29] Lin Y, Qi L, Wang G, et al. Bulk chemical composition of lherzolitic shergottite Grove Mountains (GRV) 99027 - Constraints on the mantle of Mars. MAPS,2008.

[30] Lin Y, Kimura M, Miao B, et al. Petrographic comparison of refractory inclusions from different chemical groups of chondrites. Meteoritics and Planetary Science. 2006,41(1): 67 - 81.

[31] Miao B, Lin Y. Grove Mountains Meteorites: Survey, Collection and Concentration Mechanics. Meteoritics and Planetary Sciences, 2008,43, supplement: A186.

[32] Miao B, Lin Y, Wang D, et al. Overview on Antarctic meteorite collection and study in China.

Proceedings of the China association for science and technology, 2005,2(3): 291 - 298.

[33] Miao B, Lin Y, Wang D, et al. Grove Mountains (GRV) 052382 - Likely a most heavily shocked u reilite. Meteoritics and Planetary Sciences, 2008,43, supplement: A97.

[34] Miao Bingkui, Lin Yangting. Grove Mountains: A new meteorite concentration Site in East Antarctica: Introduction of Chinese Antarctic Meteoite Search Program. International Workshop on Antarctic Meteorite Survey, Seoul National University, Seoul, Korea, Aug. 24, 2006: 79 - 81.

[35] Miao Bingkui, Lin Yangting, Wang Guiqin, et al. Petrology and Mineral Chemistry of New Ureilites Found in Grove Mountains, Antarctica. Progress in Natural Science, 2008,18:431 - 439.

[36] Wang D, Lin Y. Chemical compositions and classification of Grove Mountains (GRV) 98003 and some Chinese iron meteorites. Chinese journal of polar science, 2005,16(1): 13 - 22.

[37] Wang Daode, Miao Bingkui, Lin Yangting. Exposure ages and radiogenic ages of ureilite (GRV 024516) and ordinary chondrite (GRV 024517) from Antarctica. Chinese Journal of Polar Science, 2007,18(1):27 - 35.

[38] Wang G, Lin Y. Bulk chemical composition of the Ningqiang carbonaceous chondrite: An issue of classification. Acta Geologica Sinica, 2007,81(1): 141 - 147.

[39] Wang G, Lin Y, et al. Bulk Mg Isotopic Compositions of Ca -, Al - Rich Inclusions and Amoeboid Olivine Aggregates. MAPS, 2007,42(7 - 8): 1281 - 1289.

[40] Wang G, Lin Y, et al. Comparision of Mg isotope compositions between bulk meteorites and mafic-ultramafic rocks from terrestrial mantle. Meteoritics and Planetary Science,2008,43: A165.

[41] Lin Y, Kimura M, Miao B, et al. Petrographic comparison of refractory inclusions from different chemical groups of chondrites. Meteoritics & Planetary Sciences, 2006,41(1): 67 - 81.

[42] 戴德求，林杨挺，缪秉魁，等．南极碳质球粒陨石中两个富尖晶石球粒状难熔包体德岩石学和矿物化学特征．地球化学,2006,35(5): 540 - 546.

[43] 戴德求,林杨挺,缪秉魁,等．南极碳质球粒陨石中两个富尖晶石球粒状难熔包体的岩石学与矿物学特征．地球化学,2006,35(5):540 - 546.

[44] 戴德求,林杨挺,等．南极碳质球粒陨石中两个富尖晶石球粒状难熔包体德岩石学和矿物化学特征．地球化学, 2006,35(5): 540 - 546.

[45] 冯璐,缪秉魁,林杨挺．南极陨石冲击变质程度划分//第八届全国空间化学与陨石学学术研讨会会议论文集．海口, 2006: 67 - 68.

[46] 胡森，刘焘，冯璐,等．100 块南极格罗夫山陨石的化学-岩石类型．极地研究, 2008,20: 208 - 218.

[47] 胡森,缪秉魁,刘焘,等．南极格罗夫山陨石中 5 型和 6 型普通球粒陨石的岩石矿物学特征//第八届全国空间化学与陨石学学术研讨会会议论文集．海口, 2006: 69 - 70.

[48] 李春来,张蕾,刘建忠,等．2006 年南极格罗夫山普通球粒陨石综述．极地研究,2008,20(2):167 - 176.

[49] 李世杰,等．100 块南极格罗夫山普通球粒陨石的类型划分及其岩石学特征．极地研究, 2008,20(2): 177 - 188.

[50] 梁英,王鹤年,季峻峰．南极格罗夫山普通球粒陨石的岩石学和矿物学特征及分类．高校地质学报,2006, 12(1):53 - 61.

[51] 梁英,王鹤年,许伟彪,等．南极 GRV 021788 橄榄无球粒陨石的岩石学和矿物学特征．地球化学, 2006,35 (1):19 - 26.

[52] 卢仁,林杨挺,等．陨石中宇宙成因核素 10Be 和 26Al 的化学分离纯化．地球化学,2008, 37: 149 - 156.

[53] 缪秉魁,王道德,等．100 块陨石南极格罗夫山陨石的分类及其成对陨石的初步判别．极地研究,

2008,20(2):141 - 152.

[54] 缪秉魁，林杨挺，王桂琴，等．南极格罗夫山新发现的橄辉无球粒陨石岩石学与矿物化学．自然科学进展，2008,18(3):269 - 278.

[55] 缪秉魁，欧阳自远，林杨挺，等．我国南极陨石研究的新进展．地质科技情报，2008,27(1):13 - 19, 30.

[56] 缪秉魁，林杨挺，王道德，等．200 块格罗夫山陨石的分类// 第八届全国空间化学与陨石学学术研讨会会议论文集．海口，2006：54 - 55.

[57] 缪秉魁，林杨挺，王道德，等．橄辉无球粒陨石的成因//第八届全国空间化学与陨石学学术研讨会会议论文集．海口，2006：56 - 58.

[58] 缪秉魁，王道德．南极格罗夫山陨石的分类及其研究意义．极地研究，2008,20(2)：95 - 104.

[59] 王道德，缪秉魁，林杨挺．我国南极橄辉无球粒陨石(GRV 024516)和 H5 球粒陨石(GRV 024517)宇宙射线暴露年龄和气体保存年龄．极地研究，2006,18(3)：157 - 165.

[60] 王道德，缪秉魁．橄辉无球粒陨石的矿物-岩石学特征及其分类．极地研究，2007,19(2)：139 - 150.

[61] 王道德，缪秉魁，等．我国南极橄辉无球粒陨石(GRV 024516)和 H5 球粒陨石(GRV024517)宇宙射线暴露年龄和气体保存年龄．极地研究，2006,18(3)：157 - 165.

[62] 王鹤年，谢志东，许伟彪，等．南极 GRV 99027 火星陨石的地球化学特征．极地研究，2007,20(2)：105 - 128.

[63] 王鹤年，梁英，许伟彪．GRV 99027 火星陨石的岩石学和矿物学特征．岩石学报，2006,22:491 - 502.

[64] 王鹤年，王汝成，林承毅，等．南极格罗夫山 23 个普通球粒陨石的化学群及岩石类型．极地研究，2002,14(4)：308 - 318.

[65] 王鹤年，王汝成，张富生，等．南极 GRV99027：火星陨石中的一个新成员．极地研究，2002,14(4)：300 - 307.

[66] 王鹤年，许伟彪，管云彬，等．南极格罗浮山 GRV 99027 二辉橄榄岩质火星陨石的氢同位素地球化学．科学通报，2006,51:2292 - 2296.

[67] 王秀娟，缪秉魁，王葆华．碳质球粒陨石的类型及其分类特征//第八届全国空间化学与陨石学学术研讨会会议论文集．海口，2006：62 - 66.

[68] 王秀娟，缪秉魁，王自国．CR 型碳质球粒陨石岩石矿物学特征及其成因探讨．桂工学院学报，2008,28(增刊 2)资勘与环境专辑：20 - 22.

[69] 王英，徐伟彪，王鹤年，等．南极格罗夫山普通球粒陨石的矿物岩石学特征．极地研究，2008,20(2):129 - 140.

[70] 张广良，李春来，刘建忠，等．南极陨石 CRV052483 中岩石矿物学特征：撞击熔融型普通球粒陨石．极地研究，2008,20(2)：201 - 207.

撰稿人：刘建忠

# 空间生命科学进展

## 一、引 言

自1958年开始，美国与苏联空间科学项目受严峻的冷战与恐怖的政治环境渲染，而考虑各自国家利益获得竞争的机会，最初空间活动的真正潜力很大程度上是冷战战略思维，受政治驱使空间科学发现和技术进步得以快速发展。空间时代前50年已经发生很多变化，数以亿计的人们已经观察到航天员登上月球；商业通信和遥感卫星已成为人类基础设施的一部分，卫星支持着全世界的通讯，直接地播放远程信号到全球千家万户，传送着发生在全球事件前所未有的影像。军事卫星定位系统提供着覆盖广泛的信号而只支持着惊人的军事需求，也同时服务于从有关民用航空飞机、船舶导航，以及时间信号发送，移动电话和电网运行切换。遥感卫星获得的地球表面高清晰度图像可用于全世界人们察看和使用，而且提供关键信息给监测器以应对我们的气候及影响。

随着科学与技术的高速发展，我们对宇宙各方面的认识已经发生极大变化，而许多知识和技术使我们再次站在新时代的前沿。空间观测已经描绘了来自我们宇宙大爆炸的残留辐射情景。我们已经发现了宇宙继续加速膨胀，虽然还暂且尚不了解推动膨胀的动力。我们已经探索到宇宙起初银河系的形成，以及在我们自己星系的星球形成。我们已探讨了在我们太阳系里的许多奥妙，月球、火星及木卫二存在水的探测；还发现围绕其他星系的行星，如此多的行星以至于越来越可能有其他类地行星，使得我们有望定位宇宙何处生命可能发生或何时可能出现。

下一个50年将是什么样？今天整个人类生活在一个全球社会和经济，以及贸易承诺和国际证券协议交织在一起的全球化世界里。相互依赖越来越普遍和比任何时候都重要。很多已出现的问题，现在要我们共同去努力去理解和解决。从恐怖活动到气候变化，再到能源危机也同样需全球应对，并必须呼吁通过全球人类相互合作行动。当前，空间科学项目也成为世界各国应对21世纪挑战要解决的关键基础科学问题之一。

2009年，在《中国至2050年空间科技发展线路图》和《中国科学院在国家空间科学发展中的中长期发展规划》指引下，我国空间生命科学由原先比较注重卫星应用的“空间诱变育种”搭载试验研究，明确转向以空间基础生物学与生物技术研究为主，进一步拓展与加强地外生命科学探索。2010年9月，我国载人空间站工程也正式立项。伴随载人航天的快速发展，我国航天医学学科也不断深入和推进，取得了丰硕成果，研究重点转向在轨实验，利用对空间飞行样本进行分析所获得的数据，天地结合，系统地阐明空间环境对人体影响的效应及机理。2011年7月国家空间科学中心的成立，标志着我国对发展空间科学的重视，在其指导下，将根据国家需求不断提出发展我国空间生命科学的战略决策、制定可持续发展的空间生命科学先导项目，不断开展代表科学前沿和创新性的研究课题，为人类航天事业发展作出应有的贡献。

最近英国著名物理学家史蒂芬·霍金在一部最新纪录片中预言，外星生命几乎是肯定存在的。霍金认为，外星生命可能存在于宇宙的很多地点，除了各大行星以外，还可能位于某些恒星的中心，甚至漂流在星际空间中。理由很简单是宇宙太大了。宇宙包含着1000亿个星系，每1个星系又拥有数亿颗恒星。在这么广阔的区域里，地球当然不可能是生命进化的唯一场所。“我从数学的逻辑来思考，仅仅这些数字本身就表明人类有关外星生命存在的说法是完全合理的。”霍金说，“而真正的挑战在于将外星人找出来。”

总之，空间生命科学问题已经成为世界多国面对的重大基础科学问题之一，其中以生命起源和地外生命寻找为主要目标的人类空间生命科学探索不仅是当今的科学项目也是未来的憧憬计划。

## 二、近年我国空间生命科学进展

2009年，在《中国至2050年空间科技发展线路图》和《中国科学院在国家空间科学发展中的中长期发展规划》指引下，我国空间生命科学由原先比较注重卫星应用的“空间诱变育种”搭载试验研究，明确转向以空间基础生物学与生物技术研究为主，进一步拓展与加强地外生命科学探索。2010年科技部“973”计划启动了“航空航天科学和生命科学交叉的基础科学研究”领域的“面向长期空间飞行的航天员作业能力变化规律及机制研究”和“微重力影响细胞生命活力的力学—生物学耦合规律研究”等项目。2011年7月国家空间科学中心的成立，在其指导下，将根据国家需求不断提出发展我国空间生命科学的战略决策、制定可持续发展的空间生命科学先导项目，开展代表科学前沿和创新性的研究课题。先后论证、启动了“基因芯片技术在地外生命信号探索中的应用研究”、“行星科学实验室轨道地外生命实验箱方案设计”、“空间细胞生物力学工程技术平台研究”、“无人航天器的微生物监控技术研究”、“地球生命对空间环境的适应与响应机制实验方案研究”等空间生命科学预研项目。实践十号科学卫星一批生命科学实验项目已通过论证并于“十二五”期间实施；载人航天应用系统通过与德国合作利用神舟八号飞船，论证和启动了一批“空间生物学效应研究”预研项目，也将“生命起源与进化研究”和“地外生命探索”作为2010年研究项目征集目标。

近年来，我国载人航天取得了跨越式的发展，“神五”、“神六”、“神七”先后3次完成了载人飞行并实现了出舱活动。2009年，依托中国航天员科研训练中心的航天医学基础与应用国家重点实验室获科技部批准进入建设期，这充分体现了国家重大科技战略的前瞻布局。国家重点实验室将针对与长期在轨飞行人的安全、健康和高效工作密切相关的问题开展重点研究，从航天医学问题发生的机理和防护措施开展基础与应用研究，实现航天员健康维护理论体系和技术能力的全面提升，为我国空间站建成运行提供充分的理论和技术储备。

2010年6月3日，俄罗斯生物医学问题研究所（IBMP）牵头组织实施了火星500实验。该项目对整个火星任务周期全程进行模拟，主要探索“人与环境”相互作用，了解长期密闭环境下乘组健康状态及工作能力状况，试验分为飞往火星（240天）、登陆火星（30天）、返回地球（250天）三个阶段，6名志愿者全封闭时间达520天，2011年11月4日“出舱返回”。参与该研究计划的包括俄、美、中、德、法、意、日、韩等40多个国家，研究项目多达100余项。中国航天员科研训练中心航天医学基础与应用国家重点实验室有1名志愿者（王跃，乘组中承担载荷专家角色，在舱内除按计划完成试验工作外，还负责中方参试项目的数据采集、传输、设备维护等）和3项科学研究参加了火星500实验。

2009年9月，在大连举办的第18届空间生命学术研讨会期间，空间生命专业委员会和空间生命起源与进化专业委员会分别进行了学术交流。我国科学家就航天员健康与安全、航天医学与生理研究、动植物空间生物学效应与空间变异机理；探索地外生命的技术，以及生物对地外环境的适应性等研究结果和技术方案深入进行了交流。2009年4月在西安由第四军医大学主持举办了第30届国际重力生理学学术会议（ISGP），来自世界30多个国家和地区的科学家交流了航天医学生理以及动植物微生物的重力学效应研究成果。10月我国在南京举办的第二届全球华人空间/太空天气科学大会的“天气生物效应与安全保障”分会场，科学家在总结空间天气研究已取得的成就、空间天气与人类健康有密切的关系，以及国内外相关研究的基础上，提出我国进一步开展空间天气影响航天员和地面人类健康及生物学效应的研究建议。

2011年9月，我国发射“天宫一号”飞行器，实际上是空间实验室的实验版。之后，发射的“神舟八号”是一艘无人飞船，2011年11月2日与“天宫一号”成功进行了无人自动对接试验。载人航天应用系统通过与德国合作利用神舟八号飞船，论证和启动了一批“空间生物学效应研究”预研项目。

2015年前，我国将再陆续发射“天宫二号”、“天宫三号”两个空间实验室，与“天宫一号”共同组成总重约60t、三舱段的空间实验室。

2010年4月6～7日，我国生命科学研究领域的专家，在北京香山再次就“国内外空间生命科学发展战略”举行了研讨。会议围绕：地球生命起源与极端环境生物学；太阳系行星探索与保护；空间辐射生物学；载人航天遭遇的环境应激与对策；载人航天深空探测生命保障系统等主要问题进行了研讨。与会者认为，虽然我国在空间试验平台和经费支持强度与航天强国相比尚有很多差距，然而作为世界一个航天大国，还应该利用国家有限资源和经费，逐步开展具有科学前沿和创新课题，为人类航天事业作出贡献。

发展我国空间生命科学的战略思想归纳起来是：

### 1. 空间基础生物学问题

1）空间生物学效应；

2）航天医学和生理学；

3）地基或地外星球的受控生态生命支持系统与生物安全监控；研究火星“地球化”途径。

### 2. 空间生物技术研究

1）地基模拟条件下蛋白质结晶技术研究；

2）空间蛋白质结晶的基础与应用研究；

3）地基细胞/组织自组装机理研究；

4）模拟条件下细胞三维培养与组织构建研究；

5）空间细胞三维培养与组织构建研究；

6)空间生物材料制造技术研究，包括空间制药，纳米生物材料的仿生制备等。

3. 航天医学空间实验和地基研究

1)在轨医监、在线医疗处置技术研究；

2)失重生理效应防护技术研究；

3)人的作业能力研究；

4)航天环境医学技术研究；

5)心理保障技术研究；

6)医学选拔技术研究；

7)营养保障研究；

8)航天医学空间实验研究；

9)载人登月关键医学问题预研。

4. 生命起源和演化

1)地球极端环境中的生命现象与形式；

2)地基模拟极端环境中生物大分子的生成及生命形式；

3)地基研究生物细胞的构建、分化与发育构成；

4)生物对地外环境的适应性。

5. 获取地球以外存在生命的证据

开发用于开展我国地外原始生命(微生物)信号的探测技术和设备：

1)设计和制作用于微生物检测的 16S RNA 基因芯片；

2)能够灵敏检测环境微生物多样性以及基因芯片小型化检测设备。

6. 空间生命科学前瞻技术预研与基础能力建设

1)构建我国空间站和登月探火活动的生命安全保障系统的概念研究；

2)生物力学工程与技术平台；

3)空间实验装置与平台研制。

7. 率先实施

开展国际合作或利用我国先进和相对成熟的大卫星平台率先实施“天体号脉”、“萤火一号”火星探测小卫星、“行星实验室”计划，探索和发现太阳系外恒星和探索地外可能存在生命的类地行星。

8. 中国参与“巨型望远镜阵列”(SKA)监听外星人合作计划

最近 10 多年来，全球的科学家经过不断探索，已经在太阳系以外发现了数目众多的恒星系统以及类地行星。中国科学院国家天文台研究员彭勃说，世界上的主流科学家也都认为，宇宙中除了地球以外应该还有智慧生命存在，只是因为探测技术的限制或者方法的偏差导致还没有发现他们的踪迹。彭勃说，在这样的背景下，未来由中国、澳大利亚、法国、德国、意大利等全球 20 个国家的科学家们筹划建造全世界最大规模的射电望远镜阵列(SKA)，这个巨大的射电望远镜阵将会担当起继续寻找宇宙中智慧生命的重任。SKA

投入使用后，有可能对外星人进行监听。高分辨率望远镜就会变得更加灵敏，也就有可能捕捉到包括来自外星系生物体的更微弱的信号。中科院紫金山天文台研究员王思潮说，一旦接收到来自外星体的信号，地球上的科学家们就会判断。如果我们和外星体的生命建立起联系，他们也许有更先进的技术甚至能源来加快人类文明的发展。如果外星人是不友好的，人类也会通过对外星系的监听，提早进行自我保护和防御。

SKA 项目由 3000 台直径大约 15m 的较小天线组成。按照计划，SKA 项目工程将于 2016 年开工，在 2020 年底前完成第一阶段施工，全部工程将在 2024 年完成。中国作为国际 SKA 这类大型合作项目参加过，现在，中国正在贵州兴建目前世界上最大、口径达 500m 的射电望远镜。

## 三、国际空间生命科学发展态势

### 1. 月球上发现水的存在

2009 年，最重大的天文学发现莫过于在月球上发现了水的存在。月球一直被人们认为是一颗荒芜干燥的古老星体，在月球上发现水，不但使得在月球上建造空间探索中继站成为可能，而且使得人们在月球上建立定居点成为可能。

基于印度 Chandrayaan－1 号飞船观测数据、美国宇航局 Cassini 号飞船观测数据、及美国宇航局进行的月球深度撞击试验数据，科学家首次确信在月球地表的上表层中确实存在水。2009 年 9 月 25 日，科学家在《科学》杂志上首次公开月球上可能有水存在的详细信息。紧接着美国宇航局在 10 月份进行了 LCROSS 撞月实验。美国月球陨坑观测与遥感卫星(LCROSS)由半人马座火箭，经过近 4 个月的飞行，于美国东部时间 10 月 9 日清晨撞击了月球南极地区。在半人马座火箭撞月 4 分多钟后，美国月球坑观测和传感卫星对月球南极实施了第二次撞击。撞击点发生了爆炸，半人马座火箭撞月后掀起大量尘埃，一部分由蒸汽和微尘组成；另一部分由质量更重的物质组成。月球坑观测和传感卫星携带的光谱仪对尘埃进行了分析。半人马座火箭选择撞击月球的地方是月球南极一处永久性的背阳面环形山。当时研究的主要课题是该环形山下面是否有冰碛层。撞击一共激起了近 100L 的水。这一发现，月球又重新激起人类的兴奋。在月球上发现水的意义在于，在月球上建立太空基地成为可能。充足的月球水不仅可为登月宇航员提供基本生存可能，而且还可为火箭等航天器提供燃料燃烧所需氧气，甚至可直接转化为氢气燃料。如果在月球上可以建起太空基地，那么人类对宇宙的探索半径将大大扩大，因此，证实月球有水，不啻为探索月球的重大转折点。一个有水的月球也能够帮助人类拯救正被气候变暖所困扰的地球。

### 2. 火星上发现水冰

继欧洲空间局于 2003 年 6 月发射的“火星快车”(Mars Express) 发现火星上过去的水流和火山活动留下的痕迹，在北极附近陨石坑里的水冰之后，2009 年 9 月 24 日，美国国家航空和航天管理局(NASA)披露火星侦察轨道器(Mars Reconnaissance Orbiter)传来的新发现，清楚地证实火星上存在巨大的地下冰源，从红色星球的两极延伸，几乎到达了赤道。在北半球最近碰撞形成的五个陨石坑掀起的岩屑中，发现了埋藏的冰。这些冰纯净得令人吃惊，从火星侦察轨道器传回的高分辨率照片上可以容易地看到。科学家相信，这些冰是火星近代历史中较为湿润时期的残留物，那时，火星极地冰盖延伸到离赤道更近的地方。就目前的认知程度而言，水冰也是生命成长的必要条件。在火星上存在水冰这并不足以令人惊讶，令人惊讶的是冰的纯度之高和埋藏冰源的范围之广。

火星上存在水冰迹象的可能性继续增加，研究人员的研究发现，火星表面更多的迹象还表明这个星球上曾经存在着河流，因为该星球表面存在着弯曲的通道和峡谷。他们通过"奥德赛"火星探测器，Viking 卫星，火星环球探测者的摄像头捕获图片进行了分析。

德国明斯特大学行星学院的科学家 2010 年 4 月 28 日报告说，他们分析了美国航天局的"火星勘测轨道飞行器"拍摄的图像，火星探测器的图像显示出在地球时间 2006 年 11 月到 2009 年 5 月间，火星表面一条约 2m 宽的侵蚀沟长度增加了约 170m。科学家认为，这一变化由火星融冰川期的水沙混合液体造成的。这一观察结果再次证明，火星表面有液态水。发现了火星表面至少在特定季节中有液态水存在的新证据。

2010 年 6 月发布的火星勘测轨道器(MRO)利用其所携带的超高分辨率成像科学实验(HiRISE)照相机，拍摄到火星表面的惊人照片，这些照片展示了这颗红色行星拥有的独特地质特征，表明火星存在水或生命的可能。

2009 年 1 月 NASA 科学家宣布在火星大气中发现甲烷($CH_4$)活动。这表明火星并非一颗死亡星球，从生物学意义上讲甲烷可能来自生物代谢产物；从地质学意义上讲火星依然活跃。这一发现将引起科学家研究甲烷是否起源于生命？虽然科学家仍没有足够的证据确定火星甲烷气体的来源，但根据 NASA 红外线望远镜观察的转换的照片显示的情况，即火星的地下水、二氧化碳和地热相互作用释放出甲烷。虽然还没有证据证明现在火星上存在活火山，但是那些古老的、被禁锢冰层下的甲烷，现在仍有可能被释放出来。

### 3. 木卫二(Europa)生命探索

1610 年意大利天文学家伽利略和马里乌斯首次观察到木卫二。它是已知木星 63 颗卫星中直径和质量第四的卫星，距离木星 670900km，因发现较早所以编号为 2。

木卫二体积与地球卫星月球差不多，其结构像是一颗类地行星，主要由硅酸盐岩石组成。表面平坦，只零星分布几个数百米高小山丘和一串串十字条纹。主要由 $O_2$ 构成的极其稀薄的大气，但 $O_2$ 并非来自生物代谢。

1998 年 10 月 NASA 发射了"伽利略"木星探测器。发现木卫二上厚厚的冰层下存在液态海洋。2000 年 8 月 NASA 分析报道海洋可能存在深度超 100km 的供生命延续的水。表面温度$<-160$℃，借助木星巨大引力产生的潮汐能释放的热量使其为海洋而非冰。

微观物理学家和宇宙物理学家进一步研究表明，木卫二可能存在高智能生命。证据一是发现冰层下有酷似海底隧道的人工建筑设施，木卫二智能人可穿梭海底隧道免遭陨石袭击；证据二是表明陨石坑出现不久又被填平。2002 年美国科学家报道木卫二上具有多种可以满足生命存在的元素。

NASA 伽利略探测器还在木卫二 400km 高空掠过收集到厚厚冰层下面传出的"吱吱"叫声，与海豚发出的声音十分相似(误差率为 0.001%)。海豚是太阳系除人外最聪明的生物。

美国《新科学家》2009 年 2 月报道了普林斯顿物理学家戴森的说法:“宇宙寻找生命策略是寻找可以看到的东西,而不是可能存在的东西。”他指出,木卫二海洋生物应该是外形呈抛物状的开花植物,以便收集到达木卫二上的微弱阳光。科学家曾在地球北极发现这种形状的花。

2009 年 10 月 NASA 太空网报道,木卫二海洋的液态水是地球海洋水的两倍。其中溶氧足够维持水生生物的存活。美国亚利桑那大学生物学家格林伯格认为,木卫二可能存在类似鱼类的生物。从理论讲,目前木卫二海洋中至少应该存在 300 万 t 鱼类生物。美国伍兹海尔深海生态学家尚克认为,木卫二的海底环境与地球海底“热液出口”具有极大相似,因此,如若不存在生态系那才是怪事。

### 4. 土卫六与年轻时的地球非常相似

NASA 科学家 2008 年 3 月 20 日宣称,卡西尼(Cassini) 宇宙飞行器雷达探测获得在表面布满有机沙丘、湖泊、通道和山地的土卫六上,在 100km 下存在有水和氨混合的地下海洋证据。

土卫六是太阳系中唯一有稠密大气层的星球,其大气厚度是地球的 1.5 倍。一个富有有机物质和液态水的土卫六对于宇宙生物学家是有极大吸引力的。因为这样就可以研究生命太空存在生命的可能性。将来对土卫六的进一步研究会让我们认识充满水的内部,以及包围外层和相互关联的大气风。我们也许几年后会看到季节的变化。

NASA“卡西尼”号探测船 2009 年 7 月 8 日利用可视和红外绘图分光仪拍摄到土卫六北半球有液体的反光迹象的照片,此前从未发现过类似的反光现象。科学家们此前发现,土卫六南半球表面存在液体湖泊。由此土卫六成为除地球之外,人类发现的唯一表面存在液体的天体。此次拍摄到的反射光线来自于北半球 Kraken Mare 湖泊,它覆盖土卫六表面的 40 万 $km^2$。卡西尼研究小组成员拉尔夫·贾曼恩补充说:“这些发现提醒我们,在太阳系中,土卫六是多么奇特。但是同时它也向我们展示,液体在天体地质表面形成过程中的强大力量,不管这些液体是什么。接下来,我们想找出有关土卫六液体的更多信息:那里的天气状况如何?季节如何变化?土卫六上下雨吗?液态甲烷如何在土卫六表面上流动?”等多年来一直是困扰科学家们的一些难题。他们认为,土卫六上富含碳的大气层,与地球年轻时非常相似。

### 5. 太阳系外类地星体生命环境的发现

继 2007 年 4 月 24 日 ESA 文学家组成的研究小组首次在太阳系外发现了一颗可能适合人们居住的围绕红矮星 Gliese581 的行星 C 之后,2009 年 3 月 6 日,美国发射了世界上首个用于探测太阳系外类地行星的飞行器—“开普勒”太空望远镜。在为期至少 3 年半的任务期内,“开普勒”太空望远镜将对天鹅座和天琴座中大约 10 万个恒星系统展开观测,以寻找类地行星和生命存在的迹象,预计开普勒可以发现 50 颗以上的地球尺度(或者更小)行星。

2011 年 2 月美国航天局宣布,“开普勒”太空望远镜经过一年多探寻,发现 1200 多颗太阳系外潜在行星,其中 54 颗可能适宜生命生存。根据美国航天局定义,处于“宜居区段”意味着一颗行星与母星保持适当距离，进而为它表面存在液态水提供条件。另外，“宜居区段”行星的表面温度大约介于-17℃～93℃。54颗“宜居区段”天体中，5颗的大小接近地球，其他的与海王星或木星相当。一个命名为“开普勒-11”(Kepler-11)星系与太阳系相似，它拥有6颗围绕其运行的行星，但其中5颗被“压缩”在相当于太阳系中水星和金星轨道间距的狭小空间内。

Kepler-11的行星系由开普勒望远镜拍摄于2010年8月份，距地球2000光年，其由6颗行星和1颗黄色矮小的恒星组成。解读后的数据显示该系统内各大行星的轨道十分靠近这颗恒星，内部相当饱和，这已经超出了以往对大多数紧凑型行星系统的认识。美国宇航局埃姆斯研究中心的科学家Jack Lissauer解释说：“这是个惊人的发现，这个行星系统是不同寻常的。一般观测时恒星只有一颗凌日行星(凌日是指行星圆面经过恒星表面，并在恒星表面投影下小黑点)，而Kepler-11却出现了超过3颗。”

该系统中所有的行星都围绕着一颗只比地球稍大的黄色矮小恒星。最靠近恒星的，是一颗编号为Kepler-11b的行星，其到恒星的距离只有十分之一个天文单位。往外依次排序是：Kepler-11c、Kepler-11d、Kepler-11e、Kepler-11f和Kepler-11g。距该恒星最远的Kepler-11g，也只有半个天文单位。也就是说，除了最外面的Kepler-11g外，其余5颗行星比太阳系中任何一颗行星都更靠近太阳。当然，即使是Kepler-11g也算相当靠近了。如果将他们全部放在我们的太阳系内，最外面的Kepler-11g的轨道介于金星和水星之间(1年只有118天)。而其他5颗的轨道则全部在水星和太阳之间(1年只有10～47天)，且彼此相距很近。Kepler-11g类似地球的行星环绕邻近恒星一定距离，该距离使行星保持适宜的气候和温度，并且这颗行星拥有类似地球的大气层和重心引力，该行星的温度可维持表面存在液态水，“百分之百”地适宜生命体存在。这项研究对勘探神秘外星生命带来了希望。

开普勒望远镜接下来的任务，是考察“宜居区段”行星是否具备支持生命的基本条件，例如合适的大小、成分、温度和与母星之间距离。不过，一颗行星处于“宜居区段”并不意味着它有生命存在。即便有生命，可能只是细菌、真菌或一些人类无法想象的生命形态，而非智能生命。另外，这些行星距离地球太远，现有技术条件下，前往那里可能需要数百万年，于当下而言存在现实困难。

耶鲁大学天文学家德布拉·费舍尔说，“‘开普勒’揭开了我们了解太阳系外行星的盖子。”

### 6. 合成生命有助于寻找外星人

2010年12月，美国生物学家、诺贝尔奖获得者、哈佛大学的杰克·绍斯塔克(Jack Szostak)在空间望远镜研究所(STScI)的讲座上说：“地球早期生命一定是在和今天十分不一样的限制性条件下诞生的，我并不仅是在讨论制造一些从像破败的熔岩灯的培养皿中溢出的东西。但是就是在这么一个微小的培养皿中、一个最原始的工作单元中构成了一个符合达尔文进化论的独立化学系统。”绍斯塔克试图构建一座桥梁，从无生命的化学反应到有生命的物质。如果实验表明这是很容易简便的，它将成为“宇宙中生命是普遍存在的”最有力的证据。但是他也说道路坎坷：“地球早期生命是杂乱无章的、低效的、随机的，伴随着各种废品。在无生命的地球，没有基因或酶促进新陈代谢和有机体的繁殖，最早生命的诞生必然经历了一个自我组装复制的过程。”

最简单最可能的“第一生命”需要两个主要成分。首先它需要一个界面结构，即一个区分它和外部世界的细胞膜。其次它必须很快的生成遗传因子使得它能够自我复制，当然也不需要更多精心制造的“生物机器”——RNA，DNA 什么的没那么早出现。

这表明“第一生命”必须诞生于十分富饶和复杂的环境中，只有那样才能提供足够的能量和“第一生命”自我复制所需要的所有化学物质。元素必须从外部的生化汤进入原始细胞，并在内部构建复制生命。

绍斯塔克的实验证明了，为了使细胞生长顺利膜结构需要脂肪酸。它们起先是小泡然后变成纤维管。纤维管随即断裂成念珠体。念珠体再分裂成大量的子代球状小泡。绍斯塔克说这个过程只能在淡水池中发生，盐水会破坏脂肪酸。

但当实验到了第一个分子的“编码装置”阶段——它必须在细胞膜里面——出现了更多有问题的结果。研究者开始时用简单的核酸尝试，形成了能够自我复制的稳定结构。

绍斯塔克的实验表明细胞壁在冰点附近最牢固。但是对于原始大分子却是在沸点附近容易复制。这使得“第一生命”能生存在火山温泉中，那里存在着从冷到热再到冷的对流循环。早期原始微胞里填入 RNA/DNA 或蛋白分子，就可能是现今极端环境里还依然存活着的古菌(*Archae*)。

也许最终他会在实验室里复制土卫六的条件。如果在那种奇特化学环境下有类似小泡的复制品产生，它将提供一个框架，指导未来土卫六着陆器上的太空生物实验。

### 7. 深空探测生命保障系统研究

生物再生生命保障系统(Bioregenerative Life Support System，BLSS)研究，2007 年，俄罗斯科学院生物医学问题研究所同欧洲航天局(ESA)载人航天部合作开展了火星 500 天(MARS-500)试验，对未来的载人火星探测做准备性研究。俄罗斯 2007 年 11 月结束了 14 天隔离实验；2009 年 7 月结束了 105 天隔离实验。计划于 2010 年 4 月～2011 年 8 月进行模拟登陆火星的 520 天隔离实验。实验期间，6 名志愿者的饮食起居将完全模拟太空生活，他们将体验飞往火星、绕星旋转、在火星表面着陆以及返回地球的全过程。520 天的“火星之旅”中，虽储备有充足的太空食品，密封舱里特设微型的人造温室，种植蔬菜调剂生活。

在发展受控生态生命支持系统(Controlled Ecological Life Support System，CELSS)过程中，逐渐形成了“生态系统的稳态理论”。稳态控制论原理包括：

开拓适应原理；

竞争共生原理；

连锁反馈原理；

乘补协同原理；

循环再生原理；

多样性主导性原理；

生态发育原理；

最小风险原理。

连锁反馈原理：复合生态系统的发展受两种反馈机制所控制，一种是作用和反作用彼此促进，相互放大的正反馈，导致系统的无止境增长或衰退；另一种是作用和反作用彼此抑制，相互抵消的负反馈、使系统维持在稳态附近。正反馈导致发展或衰退，负反馈维持稳定。系统发展的初期或崩溃期一般正反馈占优势，晚期负反馈占优势。持续发展的系统中正负反馈机制相互平衡。无疑这一理论将指导受控生态生命支持系统更加科学和实用。

8. 国际空间站(ISS)进入全面利用阶段

随着 2010 年国际空间站(International Space Station，ISS)的装配完成，进入全面利用阶段，国际合作研究的空间科学研究时代的来临。在此前后，NASA 发布了一系列宣传介绍手册和资料，以促进各国科学家对 ISS 的了解，和更充分利用。

2007 年，*International Space Station Post - Assembly Accommodations and Resources*；

2009 年，*Research in Space—Facilities on the International Space Station*；

2010 年，*The Era of International Space Station Utilization*；

2010 年，*Reference Guide to the International Space Station*；

2011 年，*International Space Station Overview*。

NASA 的分析表明，截至 2009 年 4 月，也就是第 18 次远征任务(Number of Experiments Performed Though Expedition 18)，全世界科学家利用 ISS 和航天飞机开展了 400 余次空间实验，对它们的学科分布情况进行分析可以发现，如果把生物学与生物技术以及关于人类的研究合并到一起，所占比重超过一半。需要说明的是，部分生物技术实验，如蛋白质晶体生长，是空间生物技术的主要研究内容之一，在这里是统计在“物理和材料科学”中的。

空间生命科学研究内容明确地体现了有所为、有所不为的基本原则。

9. 国外空间生命科学进展

(1)美国

巴拉克·奥巴马于 2009 年 1 月 20 日就任美利坚合众国第 44 任总统，对前任总统小布什执政时期的新太空战略有所微调。2010 年 4 月 15 日，奥巴马在肯尼迪空间中心发表新太空政策讲话，提出保证增加预算和工作岗位，继续开发大吨位火箭和新的载人航天器，开展载人火星探测，等等。奥巴马指出应延长国际空间站(ISS)的寿命 5 年以上，使其切实履行“开展先进研究以帮助改善我们的日常生活以及测试和改进我们的空间能力”的目的。

2010 年 6 月 28 日，奥巴马签署国家空间政策(*National Space Policy of the United States of America*)。新政策提出五大原则：①开放、透明，避免意外、误解和不信任；②鼓励和促进空间领域商业化开发；③按照国际法为和平目的共同探索利用；④外层空间和天体不属于任何国家；⑤有权保护本国和盟国太空设施。与此相对应，有六大目标：①增强国内工业竞争能力；②扩展国际合作；③加强太空稳定；④提高任务保障和恢复能力；⑤追求人和机器的主动性；⑥改善空基地球和太阳观测。其中目标五与空间科学研究密切相关，完整表述是：“追求人和机器的主动性，以开发创新技术，培育新的工业，加强国际合作，激励我们的国家和全世界，增进人类对地球的理解，增强科学发现，探索我们的太阳系及其以外的宇宙。”在如何达成以上目标的指南中，新政策强调了应维持和发展“空间内行”能力，在国际合作中的领导地位，并且将ISS的应用明确地定位于“科学的、技术的、商业的、外交的和教育的”目的，指出要“继续开展强有力的空间科学计划以观察、研究和分析我们的太阳、太阳系和宇宙……理解支持生命进化的条件……”。

NASA科学与技术政策办公室于2011年4月16日发布了“确保NASA科学诚实性”的报告。美国的生命科学实验，商业化趋势明显。主要是利用ISS和航天飞机开展生物学、生物技术和人类研究等生物方面的研究，涉及细胞复制/分化、微生物培养、疫苗制备、基础生物学（利用微生物、老鼠等）、宇航员的生理/心理反应等研究。

2010年美国民用航天计划的基本原理和目标委员会、空间研究委员会、航空和航天工程局、工程和物理科学司、国家科学院、国家研究理事会、国家科学院出版的《美国在太空的未来》（*AMERICA'S FUTURE IN SPACE*）一项符合国家需求的民用航天计划，提出六项目标作为指导项目选择和美国民用空间活动资源规划。所有这些目标均服务于国家利益，而且它们的每一项获得稳定进展都是必要的。

1）通过使用空间研究和技术重建保护地球和地球生命的领导权。

2）维持美国宇宙知识探索和地外生命寻找科学方面的领导权。

3）扩展人类空间活动的边界。

4）提供技术，经济和社会效益，为解决国家最迫切的问题作贡献。

5）鼓励培养现代和未来新一代人才。

6）通过引领民用航天活动加强美国全球战略领导权。

火星探测是美国宇航局放弃重新登陆月球计划后的主要航天目标。美国宇航局约翰逊太空中心负责月球和火星探测器的研究员布雷特·德雷克（Bret Drake）说：“我们目前仍将人类登陆勘测火星作为未来一项探索目标。人类真实地着陆在另一颗行星上，这将是一项非常富有冒险性的挑战，也是人类探索宇宙的一个伟大里程碑！”

宇航员任务小组登陆火星存在很大的挑战，此项任务当前需要很大的技术突破。目前，美国宇航局仍规划此项勘测计划，并且不断更新新的探索理念。德雷克说：“火星是未来长期人类探索的主要目标之一！”登陆火星任务并不同于登陆月球，宇航员在月球上可以任何时候返回地球，而宇航员一旦抵达火星，则需要做好生存几年的准备。

（2）俄罗斯

俄罗斯主要的空间生命科学实验资源也是ISS、货运飞船和美国航天飞机。2009—2011年，俄罗斯在21～24次远征任务中，总共实施了23项生命科学研究实验，分为生物医学和宇宙生物技术两类，前者包括太空环境对宇航员的生理和心理等的影响，后者包括细胞/组织培养（方法）、密闭型生物反应器、蛋白质制备、微生物活性、辐射对遗传影响等。蛋白质等生物大分子结晶归在物理化学过程和材料里面。

根据俄罗斯航天发展计划，俄将于2010年、2013年及2016年各发射1颗Bion M生物科学实验卫星。原定于2010年升空的Bion M-1已推迟到2012年5月。另外两颗生物卫星项目还处于初步制定阶段，其中第二颗卫星计划用于对生物体进行小剂量长期辐射实验；第三颗卫星计划使用离心机模拟月球及火星引力，其实验结果将有助于开展相关载人星际飞行。Bion M－1 实验内容如下：

1) 空间飞行装置内实验(Experiments inside space apparatus)。

2)暴露飞船外的实验(Experiments with exposure in outer surface of spacecraft)。

3)使用沙鼠的实验(Experiments with gerbils)。

俄罗斯的研究近年来逐渐重视技术应用。当然，深空探测所需的生物医学研究仍然是其核心内容。

(3)欧盟

欧盟(EU)的欧空局(ESA)与 NASA 有着密切的合作。2010 年和 2011 年，欧盟的成员国通过 ESA 在 ISS 和美国航天飞机上开展了多项空间生命科学实验，如彩色真菌实验、氨基酸/太空生物学实验、臭氧洞导致紫外线增加对藻类和细菌的影响、有机物质进化、辐射和真空对 DNA 损伤、人视听觉/心血管/骨骼/神经内分泌及免疫功能变化。具体执行国家有法国、英国、德国、荷兰、罗马尼亚、瑞士、比利时、奥地利、丹麦等，其中以德国和法国为主。

从他们的研究来看，有相当的内容是为载人深空探测服务的。

(4)英国

英国发布 *UK Civil Space Strategy* 2008－2012 *and beyond*，确定了五大目标：

1)在发展明天经济的竞争中赢得空间系统、空间服务以及空间应用得更多市场份额；

2)提出世界领先的空间系统开发，用于我们变化的星球的管理；

3)入选为全球探索宇宙的科学任务的成员；

4)通过强化源自空间的创新使社会受益，激励创造新的日用产品和服务；

5)为未来高技术所需技能拓展和提高开辟重要途径，改善空间系统作为国家关键基础设施构成的公共和政治认同。

英国 2010 年成立英国空间局 UKSA，目前正在制订新的空间战略。从 2009 年报看，英国也逐渐重视医学和微重力科学的研究，认为空间环境是研究衰老等退行性疾病的良好场所。

(5)德国

德国除了在 ISS 上开展实验外，还与我国合作拟在 SZ－8 上开展生命科学研究，研究内容有掌上型生态系统、眼虫股薄肌的微重力适应性、神经胶质瘤细胞分化、人甲状腺癌细胞的微重力效应、巨噬细胞活性与功能的微重力效应、植物基因和蛋白质的表达等。

(6)日本

日本 2009 年航天活动的最显著成果是在载人航天领域，日本最后建造完成了实验舱暴露设施(EF)和实验舱后勤暴露段(ELM－ES)外部试验平台，于 2009 年 7 月 15 日搭乘“奋进”号航天飞机，送往国际空间站，从而完成了国际空间站日本“希望号”实验舱。

“希望”号日本实验舱用于微重力下的医药、生物、生物技术以及通讯等实验，将有助于进一步推动月球和火星探测工程。暴露设施和暴露试验平台，将为科学家提供一个暴露在空间环境中的研究平台。暴露设施由两个实验台组成，可安装 10 个需要暴露在空间环境中的有效载荷，可进行科学实验观测、对地观测、通信以及航天技术研究。

建立月球基地是日本一项为期 20 年，名为《空间探测局 2025 远景》的计划，日本空间探测局局长太刀川奎二提出这一让机器人当先锋进驻月球的大胆设想。作为登月计划的一部分，日本打算启用具备人的特点的高级机器人开发月球基地。这些拟人化的机器人在月球上会大有作为，他们在很多方面比人类更适合在月球工作。

日本的空间生命科学研究具有很好的一贯性，水生生态系统的研究是其优势领域。另一方面，空间生物技术——空间制药，也是日本重点发展的方向。此外，日本最近两年又开辟了空间纳米生物技术研究。

在 21～24 次远征任务中，日本开展的研究有细胞重力生物学、纳米生物技术（2D 材料、纳米骨骼）、植物向重性、辐射对人的影响、蛋白质结晶、微生物与人的健康、细胞培养与蛋白质分泌、哺乳动物细胞的辐射及微重力效应、骨骼代谢（金鱼）等。

（7）印度

印度空间研究组织 ISRO 提出一个由其资助的面向印度科学界的空间科学、空间技术和空间应用研究计划 RESPOND，但是不包括空间生命科学和生物技术。

（8）其他

意大利继续遵循其既定空间战略，在七个方面继续推进，其中 ALTEA（宇航员长期反常效应）、ELITE - S2（生物医药实验）、BED - REST（OSMA——骨质疏松与肌肉萎缩，DCMC——心肺功能紊乱和运动控制）等国际空间站生命科学科研设施投入使用。

## 四、结束语

地球是人类的摇篮，但人类不会永远生活在摇篮里。20 世纪最伟大的事件之一，就是人类实现了飞离地球，遨游太空的千年梦想。进入 21 世纪国际航天发展研究越来越激烈。人类遨游太空，不单是“观光、旅游”，主要是为了探索神秘莫测的宇宙，拓展人类活动的疆土，开发和利用无尽的空间资源。美国修改后的《新的太空发展计划》仍然雄心勃勃地明示将在 2030 年登陆火星。紧随其后俄罗斯正在为登陆火星做预研，并宣布在 2015—2020 年间将派 6 人小组登陆火星。相继有欧洲空间局、日本、加拿大等国推出登月和进行火星探测计划。这些计划中毫无例外地包括与人类太空飞行健康安全的空间基础生物学和对地外生命的探讨重大课题。我国已经实施的“嫦娥”工程月球探测计划、不间断进行的载人航天飞行计划、建立空间实验室（站）计划等，都将给空间生命科学与技术研究提出新的问题，创造新的机遇，使研究水平推向新的台阶。2011 年 7 月国家空间科学中心的成立，标志着我国对发展空间科学的重视，无疑在其指导下，将根据国家需求不断提出发展我国空间生命科学的战略决策、制定可持续发展的空间生命科学先导项目，不断开展代表科学前沿和创新性的研究课题，为人类航天事业发展作出应有的贡献。

## 参考文献

[1] ASTROBIOLOGY. The NASA Astrobiology Roadmap. 2008,8(4).
[2] 格达尔・霍内克，庄逢源. 宇宙生物学. 北京：中国宇航出版社，2010.

[ 3 ] Gerda Horneck, David M Klaus, Rocco L. Mancinelli (2010): Spce Microbiology. Microbiology and Molecular Reviews, 2010(3):121 - 156.

[ 4 ] Space research Today, 2009(174).

[ 5 ] Gerda Horneck. Lectures of Astrobiology. Beihang University, 2010.

[ 6 ] 中国科学院空间领域战略研究组. 中国至 2050 年空间科技发展路线图. 北京:科学出版社,2009.

[ 7 ] Huadong Guo, Ji Wu. Space Science & Technology in China: A roadmap to 2050. Beijing : Science Press and Springer, 2009.

[ 8 ] John Uri. International Space Station Post - Assembly Accommodations and Resources. AIAA, 2007.

[ 9 ] The Era of International Space Station Utilization, NASA, NP - 2010 - 03 - 003 - JSC.

[10] Research in Space: Facilities on the International Space Station. NASA, NP - 2009 - 08 - 604 - HQ.

[11] Reference Guide to the International Space Station. National Aeronautics and Space Administration, Washington, DC, NP - 2010 - 09 - 682 - HQ.

[12] Rod Jones. International Space Station Overview. NASA ISS Payloads Office, 2011.

[13] National Space Policy of the United States of America. SEAL OF THE PRESIDENT OF THE UNITED STATES, 2010.

[14] UK Civil Space Strategy2008 - 2012 and beyond. British National Space Centre, 2008.

[15] PLANNED EXPERIMENTAL PROGRAM WITH NON - VERTEBRATAE ON BION - M1. http://www.readings.gmik.ru/lecture/2008 - PLANNED - EXPERIMENTAL - PROGRAM - WITH - NON - VERTEBRATAE - ON - BION - M1.

撰稿人:刘志恒　仓怀兴　丁　柏　李莹辉

# 航天医学进展

## 一、引　言

航天医学(space medicine)是针对人在航天飞行中外界环境因素及飞行因素引发的危害航天员健康、安全和降低航天员工作效率的医学问题开展理论与应用研究的一门综合性应用学科。它主要研究载人航天器从发射到返回着陆全过程可能出现的各种医学、心理学问题,发生机制及防护技术,主要研究内容包括航天员的身心健康监测与保障技术,航天环境对人的影响及其防护,人的作业能力研究等。

经过半个世纪的发展,航天医学伴随着探索空间、利用空间、适应空间的过程逐步建立、走向成熟深入。其研究内容也从早期的空间环境对人体生理生化影响的现象观察,效应确定,发展到对空间环境影响有机体的细胞、分子乃至基因变化的机理研究和本质认识;从对空间环境的被动适应发展到采取主动的对抗防护措施,从而保障航天员空间飞行期间的安全健康和有效工作。

本报告对最近几年(2008—2011年)来我国航天医学在基础研究和航天应用等方面的进展进行总结和介绍。

## 二、本学科近年的最新研究进展

航天医学研究的目标是提供航天员健康保障措施、知识、技术及相关工具以确保空间探索的安全可靠性,因此载人航天实践活动对航天医学的发展具有巨大的推动作用。近年来,我国载人航天取得了跨越式的发展,“神五”、“神六”、“神七”先后三次完成载人飞行并实现了出舱活动。2010年9月,载人空间站工程也正式立项。伴随载人航天的快速发展,我国航天医学学科也不断深入和推进,取得了丰硕成果,新的研究重点开始关注天地基实验间的差异和联系,特别是注重利用对空间飞行样本进行分析所获得的数据,系统地阐明空间环境对人体影响的效应及机理。

### 1.“神七”出舱活动的医学防护

2008年9月27日,我国在“神七”任务中首次成功实现了出舱活动,这是我国航天医学快速发展并取得重要突破的标志之一。“神七”任务的特点就在于飞行第2天末进行出舱活动,此时正值生理适应反应急性期,空间运动病高发,航天员却要连续完成舱外服组装、在轨训练、出舱活动、科学实验等一系列作业任务,整个过程程序紧凑、任务复杂、状态变化快、体力和心理负荷大。同时航天员着低压制舱外服执行出舱活动任务,还存在发生减压病的风险。所以出舱活动,对航天员机体适应性和体能状况要求非常高,不允许发生可能影响出舱任务完成的健康问题。

针对出舱活动中可能出现的空间运动病、减压病、疲劳等医学问题,中国航天员科研训练中心以预防为主的思想，对上述医学问题开展了防护技术研究，提出了有效防护措施，构建了一个包括乘组医学选拔、训练、药物预防和诊治的综合防护体系。

1）构建以防为主，系统调理与综合防护相结合，选拔训练与药物防护、诊治相统一，具有中国特色的出舱活动综合医学防护体系。本体系应用于“神七”任务，实现了飞行早期、着低压制舱外服、过闸操作复杂条件下的出舱活动医学保障，验证了理论的可行性和技术的有效性。

2）创制了空间运动病防、诊、治多位一体的防护技术路线，研制了两种军队特需新药，有效预防了空间运动病。保证在航天员运动病高发期、在气闸舱短视距、多头动条件下组装舱外服、太空行走等整个过程未出现运动病症状，达到空间操作流畅、准确无误。

3）创制了适合我国航天员和载人飞船工程实际的吸氧排氮方案，消除轨道舱氧浓度预控对减压病防护的不利影响，有效预防了减压病。

4）创制了第一个综合调理航天生理适应反应的中药新药——太空养心丸，具有原始创新性。并首次在轨应用，提高了航天员整体机能状态，为解决出舱活动医学问题起到了基础防护作用。

5）研制了抗疲增耐的固体复合饮品，能快速恢复体液平衡，且供能持久，提供了航天员出舱活动的有效防护手段。

通过“神七”飞行任务的进一步验证，我国航天医学已形成集航天医学、药学、中医药学、营养学等学科于一体，进行多维综合防护的短期飞行航天员健康保障体系。

### 2．“神七”任务空间细胞生物学实验

中国航天员科研训练中心在地基回转器开展的细胞模拟微重力效应研究基础上，根据“神七”飞船提供的资源条件，设计了新型手动推杆液体置换式细胞培养盒，完成了“神七”空间细胞飞行实验项目。实验采用了两种细胞，分别是 OSE—MG63（前成骨细胞）和 VSMC（血管平滑肌细胞）。OSE—MG63 是以 MG63 细胞为研究对象，转染了由 6OSE2 启动子控制的荧光报告基因（绿色荧光蛋白），筛选得到的单克隆细胞株。血管平滑肌细胞来自大鼠原代培养。飞行实验样本 12 个，地面同步对照样本 28 个。OSE—MG63 细胞实验的空间样本设计了 BMP 诱导组、BMP 诱导同时加细胞骨架稳定剂（J7473）组。

对回收样本进行了细胞增殖、荧光强度、细胞骨架、I 型胶原、P21 蛋白等 10 项指标的测定。结果显示，空间飞行 48 小时可引起 OSE—MG63 细胞荧光强度下降，细胞微丝骨架解聚，VSMC 细胞增殖能力下降和其他一些细胞学指标的变化，这些结果与地面回转 48 小时细胞变化相似，表明空间微重力下特异的细胞启动子和部分信号通路受到抑制或影响，提示细胞形态功能变化是导致骨骼和心血管系统发生航天医学问题的关键。该项目的实施为探讨立位耐力下降和空间骨丢失等重点航天医学问题的发生机制以及药物防护措施的制定进一步提供了细胞学理论积累，也为空间站阶段深入开展后续航天医学空间实验研究奠定了技术基础。

### 3．火星 500 实验

2010 年 6 月，俄罗斯生物医学问题研究所（IBMP）牵头组织实施了火星 500 实验。该项目对整个火星任务周期全程进行模拟，主要探索“人与环境”相互作用，了解长期密闭

环境下乘组健康状态及工作能力状况，试验分为飞往火星(240天)、登陆火星(30天)、返回地球(250天)三个阶段，6名志愿者全封闭时间达520天。参与该研究计划的包括俄、美、中、德、法、意、日、韩等40多个国家，研究项目多达100余项。

中国航天员科研训练中心航天医学基础与应用国家重点实验室有1名志愿者(王跃，乘组中承担载荷专家角色，在舱内除按计划完成试验工作外，还负责中方参试项目的数据采集、传输、设备维护等)和3项科学研究参加了火星500实验：

(1)长期密闭环境人体中医辨证研究

以获取Mars500长期密闭环境中人体整体功能状态的变化情况及中医证候特点为目标，将中国传统医学与航天医学研究相结合，为长期载人飞行医学保障提供了新的思路与方法，为在星际探索过程中充分发挥中国特有的医学技术作用探路。主要方法是在实验前、中、后，采用中医基本证候症状分级量表和数字化中医四诊仪，根据对受试者进行问诊、舌诊(了解舌色、苔色、苔质、舌形)和脉诊(分析脉象的脉位、脉数、脉形等)的结果，并结合血液指标和脑认知功能结果综合分析，进行体质辨识、脏腑辨证，明确每名志愿者的健康状态和潜在风险。预期获得长期密闭环境条件下人体体质辨识和脏腑辨证结果，初步阐释整体功能状态的特点及其变化规律，提出不同阶段的证型及干预措施。

(2)地面模拟环境对近日生物节律与氧化应激的影响研究

以研究长期隔离与限制环境条件对火星500志愿者近日生物节律与氧化应激的影响为目标。其意义在于探索星际飞行中密闭隔离环境对人体生物节律与氧化应激的影响及其机制。主要方法是在飞往火星、着陆火星、返回地球、飞行任务之后的不同阶段，取7个实验周期(每实验周期为连续2～3天)，分别利用夜间睡眠脑电图及睡眠量表监测睡眠质量，对睡眠—觉醒周期、体温与脉搏生理节律及体液激素进行监测以了解近日生理节律，利用血液生化指标了解氧化应激的改变，获取对上述指标变化的规律性认识。预期获取长期隔离密闭环境条件下的睡眠质量、近日生物节律相关的基本生理节律和激素水平节律的变化、氧化应激相关的生物化学变化数据。

(3)长期密闭环境及不同文化对乘组成员非言语交流的影响

以探索长期密闭环境及不同文化对乘组个体非言语交流的影响为目标。意义在于为长期空间任务中航天员的心理支持和飞行后的心理恢复及人际交流技能恢复提供技术储备。主要方法是观察志愿者相互沟通交流的视频、进舱前及出舱后的访谈、对情绪图片的感知及反应(IAPS)、情绪状态变化状况(POMS)、神经类型(80-8)等各项参数在Mars500模拟长期飞行中不同时间段及进舱前和出舱后的变化情况。预期获取长期密闭环境及不同文化条件下，乘组成员交流中非言语信息随时间变化的数据，掌握情绪感知反应、情绪变化、神经类型对非言语交流的影响。

目前，志愿者王跃状态良好，三个项目均按计划完成相应实验任务，采集了大量的样本和数据，后续分析工作正在开展。

### 4. 失重生理效应及防护措施研究

空间环境的生理适应包括心血管、神经、肌肉、骨骼以及运动感觉系统等方面已有许多研究，但其发生机理以及对航天员完成任务能力的影响尚不清晰。航天医学研究目前重点关注于在长期飞行中的生理适应过程，目的是降低航天员的健康风险。基于这一目的，对人体在空间环境下的健康和工作能力进行了多方面的研究。

头低位人体卧床实验是在地面开展失重生理学效应研究的有效手段。中国航天员科研训练中心在国内首次组织了有法国航天局、香港中文大学等单位共同参与的 60 天头低位卧床大型综合实验。21 名健康男性志愿者(25～40 岁)分为对照组、阻抗振动组和中药组，每组 7 人。对照组志愿者头低位-6°卧床；阻抗振动组志愿者头低位-6°卧床，每天进行 24 分钟阻抗振动训练；中药组志愿者头低位-6°卧床，每天服用中药。实验获得了 60 天头低位卧床期间人体生理功能变化的基础数据。利用 SEVE 系统首次获得了超重耐力测试期间的连续血压；发现 60 天卧床导致心脏功能明显下降，髋关节、腰椎、胫骨、跟骨骨密度及下肢肌肉横截面积显著降低；免疫、咽鼓管功能明显下降；双歧杆菌、乳杆菌等益生菌数量的显著减少；语音特征指标音节时长呈下降趋势。太空养心方可调节心功能及下肢静脉顺应性，同时缓解卧床引起心血管变化；高频低幅力刺激可有效对抗模拟失重导致的骨丢失；阻抗振动组 7 名志愿者参与了套带验证实验，其中 4 名为对照不使用套带，卧床后立位耐力通过率为 50%；3 名使用套带，卧床后立位耐力通过率为 100%。实验还明确了头低位卧床实验期间的饮水与营养需求，为确定飞行中航天员水、营养素供给量，以及相关工程设计提供了难得的第一手数据。同时，作为国内首次开展的大型综合医学实验，在项目组织、过程控制、数据分析、异常现象处理及志愿者管理等方面积累了医学项目工程化管理的宝贵经验。

通过头低位人体卧床实验还研究了失重生理效应的综合防护措施。14 名男性健康受试者进行了-6°头低位卧床 30 天试验，研究了套带，企鹅服，下体负压装置，拉力器，自行车功量计对抗模拟失重的综合防护效果。对照组仅进行单纯的头低位-6°卧床；对抗组依据失重综合防护措施防护方案进行对抗。结果表明：对抗组与对照组比，卧床第 15 天和第 30 天体循环总阻抗显著升高，受试者立位耐力、最大负荷运动时的耗氧量得到一定程度改善，双侧股四头肌和缝匠肌肌肉体积降低有一定改善。该实验表明，失重综合防护措施能够有效对抗头低位卧床引起的心血管功能降低，有氧工作能力的下降和肌肉萎缩。

为研制新的失重骨丢失和肌肉萎缩的对抗措施，采用大鼠头低位 30°尾部悬吊 30 天模拟失重模型，研究了抗阻力锻炼、振动及两者的结合对长期模拟失重骨丢失和肌肉萎缩的防护效果。结果表明，抗阻力锻炼和振动＋抗阻力锻炼可以有效地维持大鼠后肢的力量和负重能力，并对骨密度的下降均有显著防护效果。三种措施干预后大鼠的松质骨密度均高于对照组。振动＋抗阻力锻炼组皮质骨密度明显高于悬吊组。振动和振动＋抗阻力锻炼能在一定程度上能缓减肌肉收缩功能的降低。三种措施均可防护比目鱼肌的萎缩以及纤维向快缩型肌纤维的转换。因此，低频全身振动和抗阻力锻炼能有效防护尾部悬吊所致大鼠骨骼和肌肉功能的降低。两者的协同增强效应主要表现在对骨的防护效果上，对于肌肉两者结合没有协同增强效应。

长期飞行的另一重要效应是对学习、记忆能力的影响。采用尾吊 SD 大鼠制作模拟微重力动物模型，研究模拟微重力对海马皮层的超微结构和脑内相关核团神经递质的影响，并观测了尾吊对 SD 大鼠空间学习、记忆能力的影响。结果表明：在尾吊模拟失重条件下，大鼠脑内 NO 增加，前庭神经核、孤束核、网状核和 Meytern 对于 NPY 染色无变化，说明对于尾吊引起的心血管变化，并不是因为脑内 NPY 所致；尾吊 2 周、3 周大鼠的在 Morris 水迷宫定位航行实验与对照组相比较，并无显著差别，说明其学习能力没有降低；但是在后续的空间探索实验时，尾吊 2 周大鼠的空间参考记忆显著强于对照组，其内在机制有待于进一步探索。

近来，对不同角速度匀速旋转刺激背景造成错觉条件下视觉认知任务的变化规律以及匀速旋转过程和不同背景旋转速度下视认知加工过程的变化也进行了研究。与对照相比，旋转背景下进行不反应、选择反应以及选择心算任务，视觉认知的特异成分 P100 潜伏期显著缩短，同时可见随后成分潜伏期同样的缩短。匀低速旋转条件下，旋转背景使视觉认知过程加快的效应在一定程度上受到了抑制。并且匀低速旋转和背景旋转速度对视认知的影响间存在协同作用。因此，旋转背景加速视觉刺激感知、加工及判断；增强高负荷认知任务的空间选择注意程度；不同背景旋转速度导致非靶主动抑制加工发生变化。

中药对抗失重生理效应的作用也得到了广泛研究。北京中医药大学重点研究了失重和辐射的生物学效应及中药的调节作用。发现失重和辐射均可引起大鼠下丘脑—垂体—肾上腺轴功能的紊乱，太空燮理汤能够起到一定的防护作用，同时对失重加辐射条件下的机体免疫功能具有调节作用；中药复方可显著改善 3 周模拟失重所造成的大鼠一般状况和骨骼—肌肉系统效应；同时研究五加补骨方对模拟失重大鼠股骨无机元素含量及消化道外源钙吸收的调节作用。

5. 空间细胞分子生物学研究

对不同类型和不同形式的细胞，空间环境的细胞学效应及机制非常复杂的。国内相关单位和院校近年来对此开展了大量的研究工作。成骨细胞是骨细胞重力响应过程中最重要的感受体。失重环境下骨丢失的主要原因是成骨细胞功能的变化。因此，对成骨细胞的增殖、分化以及信号转导等功能进行深入的研究，最新的研究已经从 miRNA 水平探索骨丢失变化中的分子机制。

通过建立骨髓间质干细胞(BMSCs)模拟微重力效应培养模型，开展微重力对成体干细胞增殖、多潜能分化、细胞因子响应性等方面的研究。发现回转改变了 BMSCs 的细胞周期相分布、阻滞 BMSCs 进入分裂相，降低了 BMSCs 对细胞因子的响应性和重要增殖调节因子 Akt 和 Erk1/2 的磷酸化水平，进而表现为模拟微重力效应降低了 BMSCs 的增殖能力，然而在超重条件下，其增殖能力增强。

回转模拟微重力还抑制了骨髓间质干细胞向成骨细胞、心肌细胞等力敏感细胞的分化，促进向脂肪细胞等力不敏感细胞的分化。这表现为骨相关基因 Cbfa1、Col1A1、ALP 和心肌分化相关的 cTnT、GATA4、β-MHC 等基因的表达下降，脂肪细胞分化相关基因 PPARγ 表达升高和脂滴增加。这与空间飞行中骨髓中脂肪滴增加的现象相一致。

通过基因芯片分析，共筛选到 413 个变化基因(207 上调和 206 个下调)，其中与细胞周期和增殖相关的负调控基因表达上调，正调控基因以下调为主。与成骨细胞分化相关的变化基因中都是下调的。某些与细胞 actin 骨架密切相关的基因表达下降。

在启动子水平，研究重力因素对骨髓间质干细胞心肌向分化的影响，证明超重可提高骨髓间质干细胞修复受损心肌并同宿主心肌组织整合的能力，发现超重通过影响 HDAC 激酶的活性促进 HDAC4/5 的核质转位。为干细胞分化机理的研究提供了新思路，充实干细胞心肌向分化的调控理论，为骨髓间质干细胞修复受损心肌研究提供了一条新途径，并为以后在临床应用提供理论依据。

利用小动物尾吊模拟失重效应模型，心肌特异的 Mlc-2v 启动子驱动 Akt 表达的转基因小鼠模型，研究模拟失重状态下心肌功能的变化，并对 Akt 信号转导通路上相关信号分子进行检测分析。结果显示，Akt 转基因小鼠尾吊后心脏重量指数，左室射血分数，左室短轴缩短率等反映心脏功能的指标明显高于对照小鼠，并且，心脏组织 Western 结果显示 Akt 转基因小鼠尾吊后 AKT 磷酸化水平也高于对照小鼠。这说明心肌特异的 Akt 转基因小鼠一定程度上减弱了尾吊引起的 AKT 磷酸化水平的降低，并对抗了尾吊引起的心脏功能降低。

利用建立的氧化应激评价体系，针对回转器回转、尾部悬吊、头低位卧床等地基模拟失重以及空间飞行条件，从细胞、动物、人体多层次评估了失重、模拟失重后氧化应激的变化特征。发现模拟微重力效应使得大鼠脑组织发生了氧化应激，不同部位脑组织对氧化应激的反应程度不同，在对不同时程模拟微重力效应的响应过程中，大鼠脑组织呈现了从适应性反应到不可逆性损伤的变化历程；空间飞行也出现不同程度的氧化应激，充分说明长期微重力条件下对氧化应激进行干预的必要性。开展中药对模拟失重神经细胞氧化应激保护作用研究，发现槲皮素可以通过抑制 RNS 产生，对神经细胞起到保护作用。黄酮类化合物异鼠李素和木犀草素对回转/尾吊模拟微重力导致的机体/神经细胞的氧化应激有保护作用。

## 三、本学科国内外研究进展比较

国外航天医学研究也是伴随载人航天活动的深入逐步推进的，由于各航天大国将载人深空探测作为当前发展的重点，目标直指火星，长期飞行环境的生理心理效应、潜在医学风险和先进防护措施，成为航天医学迫切需要研究解决的问题。在这方面，国外利用空间站已经开展了大量有针对性的研究。如 NASA 2007 年提出将国际空间站作为国家实验室利用，并利用该平台实施了人体研究项目（HRP）中的国际空间站医学研究计划（ISSMP）。该项目的主要目的是利用国际空间站进行科学研究，以减少星际探索任务中人体系统的风险。ISSMP 通过在国际空间站、航天飞机、“联盟”飞船、“进步”飞船和其他航天器上进行人体研究的计划、整合和执行，在飞行研究和实施医学之间架起一座桥梁。截至 2009 年 12 月，在空间站中开展的 ISSMP 项目详见表 1。此外，空间辐射研究一直是 NASA 高度关注的项目。除监测、收集分析在轨辐射剂量数据外，还开展了大量地面模拟研究。

**表 1　国际空间站医学研究计划项目进展(ISSMP)**

| 序号 | 类别 | 项目 | 简称 | 进展（截至 2009 年 12 月） |
|---|---|---|---|---|
| 1 | 健康监测与处置技术 | 探索任务中静脉注射用液体的形成 | IVGEN | 计划 2010 年 STS-131 任务中进行先进技术的测试与评价 |
| 2 | | 利用氧摄入量进行定期健康评估 | PFE-OUM | 所有乘员均已完成，2009 年 1 月完成最终的飞后基线数据采集，数据正在分析中 |
| 3 | | 航天飞行期间普鲁米近的生物药效及性能影响 | PMZ | 截止 STS-122 任务，获取 9 名 PMZ 被试及 5 名对照被试的数据 |
| 4 | | 药品和营养品化合物的稳定性 | 稳定性 | 飞行活动已完成，最终的实验包已返回，正在进行样本和数据的分析 |

续表

| 序号 | 类别 | 项目 | 简称 | 进展（截至 2009 年 12 月） |
|---|---|---|---|---|
| 5 | 失重生理效应研究 | 长期飞行期间和飞行后心脏功能紊乱：立位耐力下降、训练能力降低、心率不齐 | 综合心功能分析 | 2009 年开始飞行中研究，在后续 ISS 任务中将有其他乘员参与 |
| 6 | | 从国际空间站返回后心、脑血管控制研究 | CCISS | 第 20 组乘员参与完成了本研究 |
| 7 | | 监测乘员免疫功能的确认程序 | 综合免疫 | 国际空间站第 21～26 组乘员参与此项研究，航天飞机阶段的研究已完成 |
| 8 | | 国际空间站长期飞行期间最大氧摄入量 | VO2max | 由于硬件问题，2009 年下半年方开始研究，第 20 组乘员参与了研究工作 |
| 9 | | 航天飞行引发的潜在 E－B 病毒的再激活 | Epstein－Barr | 数据采集已结束，目前正在进行数据分析及报告撰写 |
| 10 | | 航天飞行期间睡眠－觉醒活动记录及光暴露 | 睡眠 | 第 20～25 组乘员参与此研究 |
| 11 | | NASA 生物学样本仓库 | 仓库 | 第 18～20 组乘员的飞行中样本已收集，第 21～22 组的样本正在收集中，未来国际空间站上所有的生物学实验均将参与 |
| 12 | 失重生理效应防护技术研究 | 在轨使用“Braslet－M”紧箍袖带时心脏功能及循环血量变化评估方法确认 | Braslet | 第 19 组乘员的研究正在进行中 |
| 13 | | ISS 锻炼对抗措施优化的生物机械方法 | TBD | 一项新的飞行研究，目前正在任务规划过程中 |
| 14 | | 二磷酸盐作为航天飞行骨丢失的对抗措施 | 二磷酸盐 | 2009 年开始飞行中研究，其他 ISS 任务的乘员将参与其中 |
| 15 | | 飞行前注射 Zoledronate 对抗飞行中骨丢失及肾结石 | | |
| 16 | | CSM 束带 SDTO：一种用于训练对抗措施的新型束带，证明可增加舒适性和负荷 | 束带 | 从第 20 组乘员开始研究，其他乘员已正式签署了同意书 |
| 17 | | 综合性的阻抗及有氧锻炼作为 ISS 飞行中锻炼对抗制度的有效性 | iRATS | 2009 年下半年新选入项目，计划自第 27～28 组考察团乘员开始研究 |
| 18 | 营养研究 | 营养状态评估 | 营养 | 第 21～22 组乘员参与了此项研究，第 18～20 组的飞行样本已返回，数据正在分析中 |
| 19 | | 饮食对航天飞行和康复期间骨代谢的影响 | K 蛋白 | 营养研究的拓展，计划自第 22 组考察团乘员开始研究 |

续表

| 序号 | 类别 | 项目 | 简称 | 进展(截至 2009 年 12 月) |
|---|---|---|---|---|
| 20 | 人的行为与工作能力研究 | 长期飞行后乘员人员操作熟练性的评估 | 人工控制 | 本研究完成了飞行中可行性评估,仍在进行地面研究,以备飞行中研究 |
| 21 | | 长期航天飞行相关的行为问题 | 日记 | 数据采集已结束,目前正在进行数据分析及报告撰写 |
| 22 | | 国际空间站 PVT 自测 | 反应力自测 | 2008 年新选项目,第 21 组乘员参与了测试,后续其他乘员也将参与本研究 |
| 23 | | 影响飞后工作能力的心理因素 | FTT | 2008 年新选项目,航天飞机 3 名乘员完成了测试,2010 年航天飞机及 ISS 乘员将继续本研究 |
| 24 | | 微重力环境下脊柱拉长及其对座位高度的影响 | 脊柱 | 2009 年成功开展了第一批乘员的实验,在后续航天飞机及 ISS 乘员中将继续此研究 |

我国的航天医学研究具有几十年的知识积累和技术储备。其中,在航天员选拔训练、医监医保等实施医学方面已经达到世界先进水平。在揭示航天医学问题的本质和发生机理、航天疾病发生的内在机制、发展有针对性的防护措施、确保航天员健康工作等方面已有较深入系统的研究,部分领域的工作,如中医理论及技术的防护和应用、空间细胞分子生物学研究,在国际上有鲜明的特色和先进性。总体看,由于载人飞行次数和飞行持续时间均不足,航天员实时飞行资料积累有限,空间医学和生物学实验尚未系统、规模地开展,我国航天医学在支持长期飞行需要的理论和技术方面的研究尚待加强。近年来,在载人航天不断取得突破性进展、我航天大国地位不断提升的背景下,通过积极牵头组织或参与国际合作,我国航天医学研究水平有了大幅度提高,已经实施的空间站工程将为系统开展航天医学相关研究提供宝贵平台,在航天医学领域我国与先进国家之间的差距将不断缩小。

## 四、本学科发展趋势及展望

航天医学是应用背景非常明确的一门学科,其未来的发展与载人深空探测这一世界航天发展的新趋势相契合。未来几年,航天医学空间实验和地基研究将更好地结合起来,促进基础理论不断深入,带动先进防护技术和措施的发展,最终为人类在太空探索中挺进更深远的目标奠定基础。

目前,我国载人空间站已经进入实施初期阶段,航天医学学科在这一重大战略工程的牵引下有望进入加速发展期。2009 年,依托中国航天员科研训练中心的航天医学基础与应用国家重点实验室,获科技部批准进入建设期,这充分体现了国家重大科技战略的前瞻布局。国家重点实验室将针对与长期在轨飞行人的安全、健康和高效工作密切相关的问题开展重点研究,从航天医学问题发生的机理和防护措施开展基础与应用研究,实现航天员健康维护理论体系和技术能力的全面提升,为我国空间站建成运行提供充分的理论和技术储备。

我国航天医学下一步研究和发展的重点主要包括：在轨医监、在线医疗处置技术研究，失重生理效应防护技术研究，人的作业能力研究，航天环境医学技术研究，心理保障技术研究，医学选拔技术研究，营养保障研究，航天医学空间实验研究，载人登月关键医学问题预研等。

未来几年，随着国家战略需求和对航天医学投入力度的不断加大，国内越来越多高水平机构和院所也将加入航天医学的研究队伍，我国航天医学学科一定会得到又好又快的发展，取得更高的成就。

## 参考文献


[1] Geng Jie, Sun Xiqing, Liu Yusheng, et al. Effects of Lower Limb Exerciseon Cardiac Function during 30 d Head-down Tilt Bed Rest. Space Medicine and Medical Engineering, 2009, 22(2):84 - 88.

[2] Hu Su-min, Zhou Peng, Fu Qian, et al. Interventional effect of Wujiabugu Formula on femur contents of inorganic elements in rats after simulated weightlessness. Journal of Beijing University of Tradional Chinese Medicine, 2009, 32(8): 543 - 545.

[3] Li Yinghui, Wan Yumin, Bai Yanqiang, et al. Outline of "Earth - Star - 1"60 d Head-down Bed Rest Experiment. Space Medicine and Medical Engineering, 2008, 21(3): 291 - 294.

[4] Ren Hujun, Geng Jie, Yuan Ming, et al. Changes of cardiac function during 60 day head-down tilt bed rest and effects of vibration exercise and Chinese medicine as countermeasures. Chin Heart J, 2009, 21(4):537 - 541.

[5] Tang Hao, Xue Junhui, Bai Yungang, et al. Changes in $Ca_L$ channel currents of cerebrovascular smooth muscle cells isolated from 22 week simulated weightlessness rats. Chin Heart J, 2008, 20(4):406 - 409.

[6] Zhou Peng, Hu Su-min, Tong Hai-ying, et al. Preliminary Study on Effect of Chinese Herb Medicine Compound on Bone-muscle System in Rats under Simulated Weightlessness. Chinese Journal of Information on TCM, 2008, 15(5):27 - 29.

[7] Huang Yan, Dai Zhongquan, Ling Shukuan, et al. Gravity, a regulation factor in the differentiation of rat bone marrow mesenchymal stem cells. J Biomed Sci, 2009, 16:87.

[8] Dai Zhongquan, Wu Feng, Ella W Yeung, et al. IGF - IEc expression, regulation and biological function in different tissues. Growth Horm IGF Res, 2010, 20(4):275 - 281.

[9] Lina Qu, Hailong Chen, Xinmin Liu, et al. Protective Effects of Flavonoids Against Oxidative Stress Induced by Simulated Microgravity in SH - SY5Y Cells. Neurochem Res, 2010, 35:1445 - 1454.

[10] Xiaogang Wang, Shukuan Ling, Dingsheng Zhao, et al. Redox regulation of actin by thioredoxin - 1 is mediated by the interaction of the proteins via cysteine 62. Antioxid Redox Signal, 2010, 13(5): 565 - 573.


撰稿人：丁　柏

# 微重力科学进展

## 一、引　言

近期的微重力科学和应用研究已经步入空间站时代。国际上，美国、俄罗斯、欧洲以及日本等国参与建设的国际空间站，尤其用于微重力科学研究的主要设备和空间实验舱的基本组建完成并已投入使用，空间材料、流体物理和燃烧等首批微重力科学实验已经取得令人鼓舞的科学结果。我国微重力科学研究在载人航天一期工程之后，二期工程安排了部分空间实验，“实践十号”微重力科学实验卫星也正在积极筹备和立项过程中。此外，在我国近期缺少空间实验机会的特殊时期内，国内微重力科学工作者积极开展国际合作，并利用失重飞机、落塔等多种手段开展了微重力实验研究和空间实验的前期技术预研。随着我国空间科学的发展，近期结合国内空间科学卫星系列和中国空间站发展规划制定了微重力科学的中长期学科发展计划，为我国微重力科学的后续研究奠定了基础。

## 二、国际微重力科学发展态势

微重力科学是空间科学研究的重要部分。近 20 年来，人们通过大量的地基模拟和空间实验等研究活动，在微重力流体物理、空间材料科学与生物技术以及基础物理研究方面获得大量科学成果。国际上近期的微重力科学进展将以国际空间站(ISS)所取的科研成果和后续研究项目的规划和逐步实施为突出代表。国际空间站(ISS)自 1998 年开始建造，2010 年接近完成全部的建设。自 2011 年起，ISS 将进入一个新的全面使用阶段。现在这样一个多国参与的、空间在轨实验室上已开始开展系列的微重力科学研究实验。近期，美国政府 2011 财政年已经提议将国际空间站的使用延长至 2020 年，这将给先进的微重力科学研究提供新的机遇。欧空局(ESA)在国际空间站的建设过程中投入巨大，并对未来空间计划中发挥作用寄予厚望。Columbus 实验舱是 ESA 的第一个载人航天设施，代表着目前在载人航天领域的最高成就，它的运行使欧洲国家在地球轨道上真正占有一席之地。ESA 表示，Columbus 将使国际空间站重拾最初的信条，为生命和物理科学与应用研究、技术研发提供基础平台。预计随着 Columbus 实验舱的运行和国际空间站整体运行状况的改观，ESA 的空间科学研究项目有了相对充足的空间实验机会，包括微重力科学在内的原有研究计划将得以实施。俄罗斯制定了 2006—2015 年俄罗斯联邦空间计划，其主要目标中明确提出，为了国家社会、经济、科学(包括空间基础研究和空间微重力研究)和安全的需要建立和保持轨道飞行器群，利用国际空间站上的俄罗斯舱开展基础和应用研究。俄国已经为国际空间站安装 3 个实验舱，分别是 2009 年安装的“探索”号小型实验舱、2010 年发射的“黎明”号小型实验舱和 2011 年发射的实验舱。它们的主要用途是科学实验，将推动俄空间实验项目的开展，增加空间科学实验数量。日本 JAXA 利用国际空间站的日本实验舱JEM(又称Kibo),从2008年到2011年间计划安排的中的实验设备进行6项微重力科学实验,而计划中的空间微重力研究项目有13项。

在微重力流体物理研究方面,欧空局装载(2008年)在ISS哥伦布舱内的流体实验装置(FSL)已经正式运作并开始了流体实验。由德、法等几个国家合作开展的地球层流体对流实验项目Geoflow在2009年进行了实验,该实验主要用来模拟研究地球上大气层内的流体对流和全球对流模式及其稳定性,该项目还将于2011年在空间站上进行第二期实验研究。作为ESA ELIPS计划中主要的流体物理研究项目"相变界面对流与两相系统热质传输过程"空间实验计划中的CIMEX项目2010年在ISS上开始实验,RUBI-EMERALD-SAFIR项目将在2012年至2013年间完成。此外,ESA空间两相系统的先进国际联合工作组(International Topic Working Teams)正在规划新的VALS空间实验项目。美国NASA在2010年已将CCF流体实验装置安装在ISS上,并将在空间站的MSG手套箱中进行实验。该项目是NASA与德国空间局的合作计划,主要研究如何在空间利用毛细力约束和传输液体的流体管理技术,其研究结果有益于改进空间液体和推进剂管理的设计。日本JAXA于2008—2010年期间利用ISS空间站日本JEM舱的流体实验柜(RYUTAI Rack)完成了首批Marangoni空间实验项目,成功进行了世界上最大的液桥(直径60mm,高30mm)的热毛细对流实验研究,获得了好的实验结果。近期JAXA已经开始2010—2012年期间第二阶段实验的准备工作,其中为今后热管理系统而设计的两相流动系统实验,作为微重力流体物理的候选项目。

在微重力燃烧方面,NASA在国际空间站上进行的微重力燃烧实验继续兼顾航天飞行器防火和燃烧科学基础研究,其研究不仅涉及固体燃料表面火焰传播、液体燃料着火和烟黑生成,也包括射流火焰的燃烧特性研究,其目的是为空间防火及改善地面燃烧装置服务。美国在空间进行过的微重力燃烧试验包括热薄和热厚固体燃料的火焰传播特性研究、材料闷烧、射流扩散火焰的烟黑生成特性以及火焰球的生成和稳定机理等研究内容。目前美国正在进行的微重力燃烧项目是:空间探索中材料可燃性评价,烟雾等悬浮粒子测试,球形火焰试验,火焰设计,同轴射流扩散火焰,电场对扩散火焰特性的影响,双组分燃料火焰熄灭试验以及同轴射流扩散火焰的烟点生成特性等。这些项目覆盖了微重力燃烧和防火的各个方面。NASA在国际空间站上已经开展:①烟雾测量实验(SAME),在MSG(Microgravity Science Glovebox)中测量典型航天器材料燃烧烟雾颗粒的粒径和分布,分析材料热解温度、气流和烟雾停留时间对粒径分布的影响;②气体射流火焰的烟点实验(SPICE),在MSG中测量微重力条件下气体射流火焰中产生炭黑的临界点;③多用户液滴燃烧装置中的火焰熄灭实验(MDCA-FLEX),测定液体燃料的可燃极限,定量认识气体灭火剂在航天器舱内可能使用的压力和氧气浓度环境中的灭火效率。此外,NASA支持开展的地基微重力燃烧研究有火焰设计、电场在微重力燃烧中的应用等。

ESA目前,在国际空间站上进行的燃烧计划,是液滴和液雾燃烧特性研究。进行的空间材料燃烧试验主要研究外界来流作用下材料表面扩散火焰的燃烧特性,通过研究特定材料在空间的潜在火灾特性,制定适合空间火灾场合的防火准则。其他的项目还包括金属颗粒的燃烧,材料的燃烧合成等。燃烧是ESA空间生命和物理科学研究计划(ELIPS)中的基本研究(Research Cornerstone)之一,将通过气体、液体和固体燃料的微重力燃烧实验，定量研究地面上被浮力对流效应控制的燃烧基本现象，科学目标包括认识液滴和液雾的蒸发、点火和燃烧过程，理解碳黑形成机理以及固体材料的可燃性条件等，应用目标明确为提高电厂效率、减少发动机污染排放和改善空间飞行器用材料可燃性的测试方法。2009 年之前，EAS 在国际空间站开展微重力燃烧研究的机会实际几乎没有。地基微重力燃烧研究方面，近几年欧洲科学家主要利用探空火箭和落塔进行了液滴和液雾燃烧的系列实验。包括一项液滴燃烧过程的研究。日本在微重力燃烧方面多与美国的研究工作有重叠，目前正在进行的研究包括液滴燃料燃烧以及非金属材料的着火及燃烧研究。

最近几年，国际上在空间材料科学方面的研究又有了新的进展，这些新结果既有空间的，也有地基的。其中，在欧空局 ESA 的晶体生长与凝固 CETSOL 研究项目中，已经获得了多方面的结果。他们对多个成分的 Al—Si 合金样品自 2009 年在 ISS 上开展了关于缺陷和生长前沿动力学等方面的实验，结果尚在分析之中。美国学者用二元透明合金进行凝固过程中形态转变与微观组织形成的空间实时观察表明，微重力条件下晶体生长过程中平界面失稳开始的时间比地面的要短得多，研究分析认为这是由于微重力条件下的界面前沿易造成溶质堆集（靠扩散来输运溶质）而很快失稳，地面因对流而使得界面处的溶质较慢。空间实验的界面失稳开始时间与形成的胞间距等结果与用相场模拟的结果有很好的一致性。日本学者从 2008 年 12 月开始在“希望”号舱段的 SCOF 上进行重水的结冰实验，到 2009 年 3 月底已进行了 134 次实验观察（完成约 50％的实验），2010 年 3 月又开始了新一轮的空间实验。在过冷、形核与非平衡相变研究方面，德国的研究者用电磁悬浮技术对 Fe—Co 合金进行过冷与亚稳相形成研究时发现悬浮技术可以使合金熔体获得非常大的过冷度及所形成的相生长速度随过冷度的增加而提高。在相分离与聚集行为研究方面，欧洲在尘埃等离子体结晶在空间微重力环境下的研究已经取得了多项有意义的结果。例如，不仅尘埃等离子体可以形成规则点阵结构的晶体，对在由弱离子化的气体与带电微颗粒组成的二元复合等离子体系，不同尺寸颗粒之间的作用会导致流体的相分离，这种分离具有不可逆的非对称性，在一定的条件下还可以出现调幅分解效应，这些现象和结果类似与我们通常所熟知的金属合金和聚合物、胶体晶体体系中经常发生的。在胶体晶体的结晶、相分离和临界现象等研究方面，空间实验已经获得了多项结果，这也是 4 个项目的系列试验。如对胶体—聚合物混合体系的空间实验发现了地面没有观察到的相分类现象，而对纯胶体体系则都存在；此外，对相分离体系还观察到早期的条幅分解和界面张力驱动的相粗化现象。对具有 AB13 结构的胶体晶体形成体系的结晶过程空间实验研究发现了与地面不同的生长幂律关系。在胶体体系发现了器壁诱发结晶的效应。此外，日本于 2009 年在 ISS 的细胞实验柜架中的细胞生物学实验装置（CBEF）里，进行了具有光触媒和高效染料敏化太阳能电池功能的新型纳米材料 $TiO_2$ 纳米骨架的合成。实验获得的数据将作为输入用于这类材料合成的计算化学模拟以在地面进行合成的性能参数预言。这是一个大学/工业/政府联合的研究项目，空间实验结果尚未公开。

在空间基础物理研究方面，LISA（Laser Interferometer Space Antenna）是一个 NASA 和 ESA 合作的引力波探测计划，目前仍在方案阶段。LISA 主要有三颗相距 5 百万千米的航天器组成，对悬浮在航天器之间的检验质量进行精确的测距，期待探测 1×

$10^{-4}\sim1$Hz 的测量频带内的引力波信号。根据引力波源和强度分析，给出引力波应变探测水平在 10mHz 需要达到 $10^{-23}$ 的精度。LISA Pathfinder 作为 LISA 的关键技术验证空间项目，主要开展高精度惯性传感器、外差激光干涉仪、微牛顿推进器和无拖曳控制技术技术的飞行验证。LISA Pathfinder 目前处于飞行研制阶段，已经完成任务设计评审和地面部分评审，完成部分飞行件研制和验收，即将进入组装、集成和验证阶段。预计该关键技术验证卫星在 2012—2013 年左右发射升空，技术验证成功与否将关系到 LISA 项目进展。法国宇航研究院（ONERA）于 1999 年提出 MICROSCOPE（MICRO Satellite with drag Control for the Observation of Principle of Equivalence）项目计划。此计划用来在空间检验等效原理，预期检验精度为 $10^{-15}$。该计划已被列为欧空局（ESA）与法国空间局（CNES）的合作计划。GP - B（Gravity Probe B）由 Standford 大学科学家提出，由 NASA 和 Standford 大学联合资助开展进行的。其科学目标是校验广义相对论的引磁效应，包括短程线效应（卫星轨道进动，预期检验精度为 0.006%）和坐标系拖曳（Lense-thirring，预期检验精度为 1%）效应。该计划主要载荷和关键技术有：陀螺仪、低温技术、高精度恒星敏感与跟踪技术、微推进器和无拖曳控制技术等。

国际冷原子物理空间计划取得了新进展。国际上第一个在微重力环境下的 BEC 研究项目是欧洲的 QUANTUS 计划（QUANTen Gase Unter Schwerelosigkeit，Quantum Systems in Microgravity）。2007 年 11 月，QUANTUS 装置第一次在德国不来梅落塔上实现了 $^{87}$Rb 原子气体的 BEC。欧洲正在进行 ACES（Atomic Clock Ensemble in Space）计划，包括一台冷原子钟 PHARAO（Projet d'Horloge Atomique par Refroidissement d'Atomes en Orbite）、一台主动氢钟和空地微波链路。ACES 利用氢钟的短期稳定度优势和冷原子钟优异的长期稳定度一特点，实现空间高精度频率标准系统。法国为此进行了长时间的研究，将于 2013 年安装在国际空间站上。欧空局计划于 2013 年发射飞行的冷原子钟（PHARAO）和氢钟计划将改善引力红移测量的准确度 25 倍，将基本物理常数随时间变化率的测量灵敏度提高 100 倍。

国际凝聚态物理空间计划也取得了新进展。美国 NASA、欧洲的 ESA、日本的 JAXA 及俄罗斯的 RFSA 这些空间技术先进的国家，对空间开展“传统”的低温与凝聚态物理研究的支持在最近几年并没有处于一种沉静状态。例如，美国计划在空间开展的 5 项低温与凝聚态物理实验应布什政府对空间政策的改变使得 NASA 从 2009 年起暂时停止对这方面的空间与地基研究的支持，到 2009 年底，ISS 上还没有上一件用于这方面的实验设备，而 ESA、JAXA 等也是如此。在 NASA 2009 年 8 月中旬给出的一份材料中关于今后几年准备支持的地基及空间飞行实验，甚至连整个基础物理方面的研究都没有提及。最近几年主要支持新兴的研究方向，如尘埃等离子体的聚集与相变、胶体晶体的相变等大有方兴未艾之势。

此外，欧、美、日等国在国际空间站陆续开展微重力科学实验计划的同时，还积极利用微重力火箭、失重飞机和落塔进行微重力流体实验，其中包括空间站实验项目的准备预实验，还有蒸发相变、两相流动、空间流体管理和颗粒介质等实验研究。

总之，随着供给空间站的正式运转，欧洲和日本已经按计划实施相应的微重力流体物理空间实验计划，同时利用多种微重力实验手段开展前期研究，并积极寻求开展国际合作和开展联合实验计划，达到提高项目水平和充分利用空间实验机会。ESA 除已经与美国、日本和加拿大等开展了合作，近期也同中国的微重力流体物理研究组开展了 ISS 在课题的国际合作。

## 三、我国微重力科学现状

我国微重力科学的研究始于 20 世纪 80 年代后期，在国家高技发展计划的促进下，我国科学家利用中国返回式卫星搭载进行了系列空间实验，主要是中国科学院半导体研究所和兰州物理研究所负责的材料科学实验，以及中国科学院生命科学专家参加的空间生物学实验。早期的返回式卫星搭载的空间试验资源有限，但这些空间试验获得了一些好的学术结果。2004 年在“神舟四号”飞船上用自行研制的通用流体实验装置完成了大 Marangoni 数(Ma)空间液滴热毛细迁移实验。2005 年利用我国发射的第 22 颗返回式卫星的搭载机会，完成了气泡迁移的空间实验，以及新型生物反应器的原理性实验，主要研究双气泡的相互作用，同时也进行了单气泡迁移实验。2006 年，利用返回式 SJ - 8 号科学实验卫星的留轨舱，进行了 9 项微重力实验，其中 6 项与微重力流体科学有关，包括平板加热面流体传热性能试验，在 SJ - 8 卫星上开展了微重力条件下颗粒物质在小幅振动驱动下的运动行为。微重力燃烧是微重力科学的重要领域，我国已经开展的工作主要是地基实验和数值模拟研究，2006 年中国科学家利用 SJ - 8 号科学实验卫星完成了我国首批两项空间微重力燃烧实验，分别对多孔材料闷烧过程和导线着火前期特性进行了研究，上述空间微重力环境下实验的开展对于载人航天器舱内和地面设施火灾的发生原因和预防工作具有重要意义。另外近年来，我国科学家也通过中科院落塔开展了一些地基微重力燃烧和流体物理方面的研究，但是由于地面微重力时间的限制，急需借助空间站等能提供更长微重力时间的设备进行相关研究。

近 10 年来我国通过神舟飞船计划和返回式卫星计划，完成了一批空间微重力实验，取得了一批突出的学术成果。微重力科学研究自然科学中许多具有突破性的前沿课题，为我国空间和地面的高技术发展开辟了应用前景，为载人外太空探索奠定了基础，具有重要意义。

我国近些年缺少微重力流体物理研究的空间实验机会，其研究基本停留在地基模拟或利用中科院百米落塔设施开展的理论与实验研究。少数研究课题组利用国际合作途径开展了失重飞机实验研究，如中科院力学所微重力实验室、物理所颗粒介质研究组和航天员训练与科研中心，与法国空间研究中心 CNES 合作搭载空客 A300 失重飞机，进行了蒸发流体对流、颗粒介质动力学特征的飞行实验研究。在基础研究方面，我国载人航天三期正在规划和论证微重力流体物理的研究规划。微重力流体物理的研究内容涉及流体界面流动与界面现象，两相流动与复杂流动等基础性研究问题。一些研究课题欧洲和日本等国的国际空间站计划正在实施过程中，并将于今几年内完成空间实验和获得实验结果。随着我国载人航天和深空探测工程的发展，我国航天工程对微重力流体管理研究的需求逐渐显现，这与国际上欧美等航天大国近期提出和凸显重视的“空间应用两相流体系统”与“空间在轨流体管理”方面的研究趋势是一致的。我国航天部门在工程技术中遇到的火箭、卫星推进剂管理、在轨航天器上流体机械和热管理装置中的流体过程以及空间生命保障系统中的液体管理和气体环境控制等都给出了诸多微重力流体物理的新研究课题，需要在今后的微重力科学基本规律的研究同时，与我国航天工程结合开展空间领域的微重力流体物理应用与应用基础的深入研究，并进行相应的微重力流体物理研究规划。

在微重力燃烧方面，相比国外空间实验计划，我国由于空间试验机会少，且主要依靠搭载，空间试验提供的空间资源还不够充分，前期研究相对不足，使得我国的微重力燃烧科学与国际前沿领先水平相比总体上有明显的差距。我国从载人航天一期开始进行微重力燃烧和防火研究，总体来说，不管是空间试验还是地基试验，微重力燃烧领域与国际水平还有显著差距。与国际先进水平相比，国内在微重力燃烧实验技术方面还存在明显差距，突出表现为：实验设备缺少通用性，实验条件保障能力不强，燃烧诊断技术不够完备，技术队伍不足。但是，也应该看到，这些差距在一定程度上是由于研制经费、实验平台的资源条件、组织管理、科学和工程技术部门之间的协同等原因造成的。

在空间材料科学方面，我国近 10 年主要在“神舟二号”(2001)、“神舟三号”(2002)、“神舟七号”(2008)，2005 年返回式卫星(空间熔体表面和液固界面特性表征观察)，2006 年的“实践八号”返回式卫星(颗粒物质运动)和 2007 年中俄合作在 Foton M3 上(GaMnSb 和 Bi2Te3 单晶生长)，以及中法合作在欧洲的抛物线飞机上进行 10 多项材料科学的实验研究，取得了多项有价值的科学与应用研究结果。由于载人航天第二步的主任务约束，在最近的 3～5 年，我国空间材料科学研究能够在空间进行飞行实验的机会非常少，其他(如微重力火箭)实验计划曾有过，但一直未能实施。目前已经安排的仅是在“天宫一号”上将开展复合胶体晶体生长实验。原计划用“实践十号”卫星进行微重力科学实验研究，其中有多个是材料科学的，计划还能否得以执行到现在也不明确。在地面，用落管开展一些短时微重力材料科学的实验也因种种原因而难以有效利用。

在空间基础物理研究方面，进行引力物理空间研究的空间陀螺—加速度计等效原理实验概念研究项目 2009 年 11 月至 2011 年 10 月已经启动，并开展了牛顿引力反平方定律的空间实验检验的方案论证和部分关键技术的研究。在空间冷原子干涉仪方面，中科院武汉物数所做了大量的前期工作，但仅涉及地面实验，尚无空间计划。华中科技大学和浙江大学均实现了冷原子重力仪，其原理和技术可用于空间冷原子干涉仪。目前，在微重力冷原子物理方面，国内尚无具体执行的项目。国内目前有多家单位实现了 BEC，包括中科院上海光机所、北京大学、中科院武汉物数所、山西大学和中科院物理所。所有的这些单位均有能力进行空间 BEC 的研究。

在空间开展低温凝聚态物理的研究方面，我国尚没有单位开展这方面的工作。国内载人空间站工程空间应用系统“微重力基础物理”科学任务指南的规划工作正在论证之中(例如“微重力下的压力调控的低温量子相变综合实验”)。在空间环境下开展尘埃等离子体研究方面也没有开展。对于胶体体系的相变研究方面，我国研究人员在地面进行自组装形成胶体晶体方面开展了较多工作。而在空间微重力环境下进行胶体晶体的相变研究在载人航天工程二期已经立项，空间实验的准备工作正在进行中。

## 四、我国微重力科学 2010—2011 年的进展

作为我国“战略性先导科技专项”的“空间科学先导专项”工作之一，2010 年重新开始对“实践十号”科学实验卫星上原定的 20 项科学实验项目进行了复审。该科学实验卫星计划包含微重力流体物理、燃烧、基础物理、生物和材料五个领域的 30 个科研课题，对应于上星的 20 个有效载荷。其中微重力流体物理研究共包括“蒸发与流体界面效应空间实验研究”、“颗粒物质运动行为空间实验研究”、“微重力沸腾过程中的气泡动力学特征研究”、“热毛细对流表面波空间实验研究”等 6 个科研项目；微重力燃烧包括“在电流过载下导线绝缘层着火前期烟的析出和烟气流动规律研究”、“微重力下煤燃烧及其污染物生成特性空间实验研究”、“微重力下煤燃烧及其污染物生成特性空间实验研究”和“典型非金属材料在微重力环境中的着火及燃烧特性空间实验研究”4 个项目；空间基础物理有一个项目“$10^{-11}g$ 静电悬浮加速度计搭载飞行试验”；此外，还包括空间生命科学领域的 9 个项目 11 个研究课题。该科学实验卫星计划正在积极立项当中，其中一些实验项目正在开展前期的关键技术预研和科学地基实验准备工作。

在我国载人航天工程计划指引下，2010 年底中国科学院空间科学与应用总体部组织开展了我国“载人空间站工程应用任务”深化论证工作，并成立了空间生命科学和生物技术、空间材料科学、微重力流体物理与燃烧科学、空间天文、微重力基础物理、地球科学与应用 6 个领域深化论证工作组，正在制定适合在我国 2020 年左右建成的空间站上进行的微重力科学实验计划和项目课题，并于 2011 年底向社会公开发布了《载人空间站空间应用系统科学任务指南》，其中包括微重力科学各领域。我国空间站将成我国今后至 2030 年期间的主要微重力科学实验平台，极大促进我国获取系列的微重力科学成果。

我国 6 家单位联合提出的我国空间站微重力流体物理研究领域内的“空间应用两相系统流动与传热规律研究”项目建议，是针对我国空间站“微重力流体物理与燃烧科学任务指南”内容，并紧密结合国内外空间应用流体物理的研究发展方向提出的微重力科学前沿课题之一。该项目以空间应用两相系统和空间在轨流体管理在当今和未来的载人航天工程应用，及我国深空探测需求为背景，针对空间蒸发与冷凝相变，沸腾传热、两相流动与回路系统、先进生保系统与空间电池气、液循环与控制、空间流体形位控制与热管理等过程中的关键科学问题与工程技术应用，提出在我国“载人空间站空间应用系统”优先开展既有重要航天工程应用需求，又亟待深入认识的空间应用两相系统特殊规律的系列重要研究课题，同时提出支撑本空间实验研究项目的、可长期运转的“空间两相系统多功能实验平台”的建设方案。本项目主要包括空间相变流体界面的复杂流动规律研究、空间相变传热规律研究、空间两相流动系统动力学特征研究、空间在轨流体管理关键问题研究，以及空间站空间两相系统多功能实验平台建设与关键技术研究等。在我国空间站上开展上述课题的科学研究和系列空间实验，有望在空间应用两相系统的流体流动与传热研究中获得系列的科研成果，为我国航天工程应用提出新理论，新概念和新方案，提升我国空间应用流体物理的研究水平和科研实力，为我国载人航天和深空探测工程相关新技术的研发提供理论依据和应用基础。

此外，我国微重力科学近两年在国际合作与学术交流上取得进展。2010 年 9 月成功召开“第八届中—日—韩微重力科学研讨会及亚洲微重力科学预备会”。此次会议作为中—日微重力科学系列研讨会的延续和发展，由中国空间科学学会微重力科学与应用专业委员会(NSMSA)、日本微重力应用学会(JASMA)和韩国微重力学会(KMS)联合主办。本届会议是继 2008 年在中国杭州召开的第七届中—日微重力科学研讨会之后，首次召开的亚洲地区微重力科学多边学术会议，参会人数是历届中—日会议最多的一次。来自中国、日本、韩国、泰国、印度等亚洲国家的参会代表共计 180 多名(其中中国参会代表 52 人)，宣读论文 140 余篇，其中包括大会邀请报告 9 篇、张贴报告 40 余篇，超过了历届中—日微重力会议的规模。ESA 微重力科学计划负责人等国际代表应邀参加了会议。会议的 3 场大会报告和 20 个专题分组报告会共涉及微重力流体物理与燃烧、空间材料科学、空间生命科学与生物技术、基础物理、实验技术与设施、空间科学与探测及超高重力科学等方面。会议报告全面反映了近年来中、日、韩等国在微重力科学及相关领域的最新研究进展和国际合作动态。会议期间，中、日、韩微重力专委会与其他与会国代表专门讨论了召开下一届亚洲微重力会议的问题，鉴于目前亚洲微重力科学发展现状，与会代表一致同意 2012 年秋季在中国召开第九届中—日—韩微重力科学研讨会。

## 五、我国微重力科学未来(至 2015 年)发展趋势

我国微重力科学研究的未来发展将紧密依靠我国载人航天工程计划(包括中长期的空间站计划)和“实践”系列科学实验卫星计划。随着我国空间实验机会的增多，微重力科学将在以下方向上开展科学实验研究。

在微重力流体物理与燃烧方面，主要开展空间微重力环境中流动物质(液体、气体)性质和运动规律的研究，它与人类空间探索活动紧密相关，如空间流体管理、热能机械、动力推进、防火/灭火、各种类型的空间生命保障系统构建，以及开展生命科学与生物技术实验、空间材料科学实验与空间加工等。

### 1. 微重力流体物理主要研究内容和前沿课题

(1)与载人航天和空间探索活动相关应用与应用基础研究

与载人航天和空间探索活动相关应用与应用基础研究主要包括空间应用两相系统(相变与传热，多相流，空间颗粒介质，空间生保系统等)和空间在轨流体管理(低温推进剂，液体与热管理，舱内环境控制等)中流体物理现象和规律的应用与应用基础研究。

(2)与地基科学和先进技术密切相关的基础科学研究

与地基科学和先进技术密切相关的基础科学研究主要包括毛细现象与界面动力学(毛细效应，热毛细流动，浸润与接触动力学等)和复杂流体系统(溶质扩散，胶体流体，颗粒介质，电、磁场作用流体等)中重要基础科学问题的研究。

(3)微重力流体物理学科交叉性研究

微重力流体物理学科交叉性研究主要涉及微重力流体物理与材料科学和空间生命科学与技术研究领域的交叉性研究，如空间材料流体性质及输运过程、生物流体力学等。

2. 微重力燃烧主要研究内容和前沿课题

(1)载人航天安全防火工程中的基础和应用基础研究

为载人航天安全防火工程提供科学依据和基础数据。包括非金属材料在微重力条件下的燃烧特性及其影响因素,航天器烟气流动和组分混合规律,强迫对流和气体成分对燃烧的影响,微重力环境中的着火监测和灭火的方法,以及微重力燃烧与地面燃烧间的关联等。

(2)新型、不同品质能源利用的燃烧机理研究

能源领域的发展需要开发更多类型的能源,包括许多较低品质的燃料,如生物质气。必须对这些燃料的燃烧机理进行深入研究,以便对现用工业装置进行改造,或者开发新的应用方式。

(3)传统能源应用中的高效、低污染燃烧应用基础研究

传统能源(包括煤、天然气)的燃烧利用需要进一步提高效率、降低污染,并深入的研究燃烧过程中的基础参数和燃烧机理,为开发地面高效、低污染燃烧装置提供基础。

3. 空间材料科学主要研究问题和前沿课题

(1)晶体生长与合金凝固过程中的界面稳定性与缺陷的控制

外场的变化和熔体界面的约束方式直接影响生长界面的生长速度和溶质或杂质、气泡等分布与逸出,从而引起生长界面的形态演化与缺陷的形成。

(2)熔体的过冷与非平衡相变过程、晶体生长强制有序化机理

空间无容器可以实现大体积熔体的过冷和过冷度的控制,从而可以实现研究过冷熔体的特性、不同亚稳态条件下的相形成选择规律、结构形态演化特征,特别是一些金属间化合物类型晶体生长有可能产生强制有序化。

(3)不同类型体系临界现象、相分离及相聚集行为和普适性

许多体系存在相分离(液—液、液—固、颗粒体系的固—固,等等)现象,相分离体系的临界性质、相界面性质、特征、相间流动都直接影响两相/多相体系相的聚集和粗化过程,相间的相互作用及器壁效应、熵效应是与尘埃等离子体、胶体类体系自组装结晶等过程直接相关联的。

(4)材料制备过程中的热与物质输运控制

合金等熔态体系中化学反应生成的气体其聚集、运动(传输)及控制问题是到目前为止空间材料科学研究缺失的一个重要方面。这类材料物理化学问题在泡沫材料的形成、结构控制与泡沫稳定动力学,未来空基物质的提炼(如冶金)、纯化和焊接等许多重要过程中有应用。

(5)液态金属的磁流体动力学

高温下有由重力引起的浮力及对流与扰动现象,在微重力下的研究能够实现对其本征问题的研究。关键科学问题:液态金属处于一个温度梯度场中,热电效应会引起其流动;若再置于强磁场下,会引起热电磁流体动力学意义下的流动。流动花样的产生与控制,动力学方程的形式,流动行为参数对温度梯度和磁场的依赖关系,微孔介质中的流动行为,等等。

### 4. 空间基础物理科学主要研究问题和前沿课题

(1)超高精度空间时频技术研究

利用空间站微重力环境,研制和运行空间站原子钟系统,获得较当前空间和地面原子钟的准确度和稳定度性能更高的时间频率信号;应用空—地时间频率传递链路,通过空间站原子钟与地面原子钟之间的比对测量,精密测量引力红移、精细结构常数变化以及其他相对论实验检验;应用空—地时间频率传递链路,向地面用户提供空间站原子钟系统的时间频率信号,同步地面原子钟时间,参加国际原子时 TAI 计算;应用空间站原子钟系统的时间频率信号,准确测评卫星导航星载原子钟性能。

(2)空间冷原子物理实验研究

建立空间冷原子物理实验平台,利用该平台进行微重力环境下 BEC 的各种相变、量子涡旋、超流、物质波干涉、长程相互作用、光晶格、BEC 复杂动力学等研究。进一步开展极端条件和天体环境中的物理过程模拟研究,例如超新星爆发、黑洞产生物理过程、强关联 BEC 的新奇量子态等。实验平台系统涉及一系列先进技术,需要冷却原子至 10$\mu$K 以下。可采用磁光阱、激光冷却方法以及光势阱 BEC 和芯片 BEC。空间实验还涉及超高真空装置、具有自动找频和锁频的激光光学和调控系统、冷原子物理探测系统等。

(3)低温凝聚态物理实验研究

主要研究低温或极低温下物质在相变点附近的性质,例如量子相变,包括超流、超导等现象的研究,外加压力或磁场诱导的磁性和超导(超流)、磁有序和非磁性及磁性之间的凝聚相变等。根据物理实验要求不同,低温获取可以采用液氦(杜瓦),也可以采用机械制冷或其他方法。低温凝聚态物理实验不仅要求微重力条件(包括防震)和低温条件,还要求很高的温度控制精度和压力测量精度,各种测量方法都不能干扰流体(不能带进较强的能流),要留有较长的实验时间(百小时量级),还需要发展相应物理量高分辨率的传感器和测量控制方法。

(4)相对论与引力物理研究

开展相对论与引力物理实验研究,例如等效原理实验检验、近距离牛顿万有引力定律实验检验、相关关键技术研究。以等效原理实验检验为目标,发展静电陀螺—加速度计、空间高精度原子干涉仪以及相关的原子操控技术、空间激光技术等。以近距离非牛顿引力实验检验和寻找新的相互作用力为目标,发展超低扰动惯性传感器、弱力测量技术、电荷管理技术、原子陀螺仪等。

综上所述,我国微重力科学研究的科学发展目标是:利用空间微重力环境在物理、化学和生物科学等自然现象的研究上获得新的认识,促进地基新学科的发展;利用空间研究的关键技术,改进地球上的工业和商业活动,促进地基高科技的发展。开展微重力流体物理与燃烧的理论研究,发展空间热工机械与流体管理、防火等关键技术;激光冷却原子、等效原理等空间基础物理的重大前沿课题研究;空间材料科学研究,发展先进的材料生长工艺和促进开发纳米材料及生物材料等 21 世纪新材料。

希望我国微重力科学在"十二五"期间有一个较好的发展势头,尽早安排"实践十号"微重力科学实验卫星计划,开展二十余项微重力和空间生命科学实验的项目搭载。尽快布局我国"载人空间站工程"的微重力科学应用任务研究计划,并开展相应的地基研究和先前实验准备,争取 2020 年前后获得一批微重力科学的空间实验结果。

## 参考文献

[ 1 ] 顾逸东,吴季. 中国至 2050 年空间科技发展路线图. 北京:科学出版社,2009.

[ 2 ] Huadong Guo, Ji Wu. Space Science & Technology in China: A roadmap to 2050. Beijing : Science Press and Springer, 2009.

[ 3 ] Qiu - Sheng Liu. Future plans of research on heat transfer and two - phase flow in space (China), Sixth International Topical Team Workshop on Two - Phase Systems For Ground And Space Applications, Cava de' Tirreni (Napoli), 2011.

[ 4 ] Jun Luo, Wenrui Hu, et al. Gravitational waves detection in space, 8th Japan - China - Korea Workshop on Microgravity Sciences for Asian Microgravity Pre - Symposium, Sendai, 2010.

[ 5 ] Qiu - Sheng Liu, et al. Investigation of Evaporation Process Coupled with Thermocapillary Convection. Sendai: 8th Japan - China - Korea Workshop on Microgravity Sciences for Asian Microgravity Pre - Symposium, 2010.

[ 6 ] Committee for the Decadal Survey on Biological and Physical Sciences in Space. Recapturing a Future for Space Exploration: Life and Physical Sciences Research for a New Era. National Research Council, 2011.

[ 7 ] Committee for the Decadal Survey on Biological and Physical Sciences in Space. Life and Physical Sciences Research for a New Eraof Space Exploration. National Research Council, 2010.

[ 8 ] Andreas Meyer, Ivan Egry. International Symposium on Physical Sciences in Space. J Physics, 2011.

[ 9 ] Yi - Dong Gu, Yu - Han Zhang, Qiu - Sheng Liu, et al. Space Scientific activities in Shenzhou spacecraft. Hangzhou: Seventh China - Japan Workshop on Microgravity Sciences, 2008.

[10] Xie Jingchang, et al. Achievements of Space Scientific Experiments aboard SJ - 8 Satellite. Chinese Journal of Space Sciences, 2008, 28(5): 390 - 394.

[11] Wenjun Kong, Baorui Wang, Shiqi Lao, et al. Study on Fire Initiation of Wire Insulations on Board the Satellite. Chinese Journal of Space Sciences, 2008, 28(1): 28 - 32.

撰稿人:刘秋生　潘明祥　张元仲
罗　俊　孔文俊　丰美福

# 空间遥感研究进展

## 一、引　言

近年来,空间遥感技术已成为许多国家优先发展的重要战略高新技术,为社会经济的发展起到了积极作用。国外空间强国已经向集卫星、航空与地面一体化发展,全球系列的对地观测体系一体化应用,高、中、低多分辨率对地观测数据一体化综合使用及高空间、时间、光谱分辨率的互补与结合趋势明显。高分辨率的精细对地观测系统发展已成为主流,空间数据的空间分辨率、光谱分辨率、时间分辨率不断提高,15m 空间分辨率数据成为对地观测系统的重要数据组成部分;光谱分辨率已经发展到目前的纳米级;短覆盖周期、全天时、全天候观测能力加强。美国、欧洲、印度等国家针对高空间分辨率卫星数据普遍开展商业运作,采取卫星商业化、数据市场化、应用业务化与产业化的方式,遥感应用产业化成为一种必然趋势。

当前,我国卫星应用在国民经济的各个领域起到不可替代的作用,并迅速向传统产业渗透,成为我国战略性高技术产业的重要组成部分。我国虽有气象卫星和资源卫星等观测手段,但高分辨率数据主要依靠国外,未形成完整的对地观测系统。高分辨率对地观测数据是国家基础性和战略性资源,掌握信息资源自主权,是国家的紧迫需求,有重大的战略意义。着眼长远发展,我国于 2010 年提出七大战略性新兴产业。这些战略性信息产业在不同程度上对空间技术提出要求,同时以空间技术为基础的战略性新兴产业正飞速增长。空间技术有前沿性、探索性、创新性、引领性极强的特点。以先进的空间技术和计划牵引和带动相关高新技术领域的发展,是我国新时期建设创新型国家发展战略的重大需求。

## 二、空间遥感学科近年的最新研究进展

### (一)空间遥感技术

国际上,美国 Geo - Eye 公司的发射的 GeoEye - 1 卫星,可拍摄 0.41m/1.64m 地面像元分辨率的全色与多光谱图像。在高空间分辨率光学卫星发展的同时,高空间分辨率的 SAR 卫星已进入实用化阶段,2009 年美国已宣布放开 1m 分辨率 SAR 商业卫星限制。

近年来,我国正在进行航空遥感系统建设,建立一套由多种高性能遥感设备综合集成的先进航空遥感系统。建成后,不仅将成为提高和发展遥感科学与技术的先进实验平台,而且将成为我国地球系统科学研究、国家信息化建设和国家安全的科学数据源,发挥与美国 NASA 的 JPL 航空实验平台系统相当的功能,极大地提高我国在航空遥感技术领域的国际地位。“航空遥感系统”的建设不仅能够推动地球系统科学诸多研究领域的原始创

新,而且将促进我国基础测绘、资源和环境调查、精准农业、电子政务、国防技术等相关领域的发展。

## (二)对地观测

在地球系统科学与区域可持续发展研究的方法论中,从原始数据采集到数据分析和解释判断,再到概念模型的建立和数值模拟与验证,每一个环节都与空间信息技术的应用密不可分。以空间遥感技术为代表的高技术在地球科学中的广泛应用,大大提高了地球研究取得第一性资料的质量、效率,促进新思想和新理论的诞生,提升了许多重点方向的研究水平。

针对新形势的要求,当前遥感技术研究的目标是探索地球系统观测与分析的新理论、新方法和新技术,为地球科学的基础科学问题研究提高新的途径和手段。因此,发展思路转变成为以针对现实问题寻求解决方案的观念。对地观测系统链路的各个节点的发展趋势充分体现了这一变化过程,航空与航天、红外与微波、主动与被动的遥感方式和遥感数据解译反演的比较分析,不仅是为了优选,更重要的是要优势互补、取长补短。

### 1. 地表过程微观化研究

为了解人类生存环境以及人类活动对其所产生的影响,需要从不同的物质尺度,对径流形成、环境演变、污染物迁移、植被演替、土地退化、城市化等地表过程进行深入研究,探索研究物质迁移过程的物理、化学、生物和人文机理,物质在多界面转化和传输过程。这需要在宏观环境中聚焦的各具特性的具体过程,要求对地观测方式由当前相对“粗犷”的时间、空间、属性、方法等综合特征向细致观测方式转变。

城市化是现代社会最突出的一项社会变革。中国目前正处于城市快速发展的时期。城市的发展,一方面为人类生产生活带来了极大的便利,造就了现代社会文明和经济繁荣;另一方面剧烈地改变着原有的城市自然环境,带来了一系列矛盾和问题。人地矛盾突出、城市环境污染、大气污染、水资源匮乏和生物多样性丧失等,使城市环境问题成为当今世界所面临的人口、资源与环境三大问题中的重要内容。因此,如何采取合理有效的措施对城市环境进行监测和治理并实现城市的可持续发展,成为人类亟待解决的问题之一。

及时了解和掌握城市土地利用变化及环境状况,对于合理进行城市规划、调整用地结构、保护城市环境和实现区域可持续发展有十分重要的意义。常规的人工调查方法周期长,耗资大,不能及时反映城市环境变化的趋势。卫星遥感技术为城市环境动态监测与分析提供了可靠的信息源。近年来,卫星遥感在城市环境监测中的应用主要集中在以下几个方面。

(1)城市大气遥感

城市大气污染的遥感监测主要是通过遥感手段调查产生大气污染的污染源的分布、污染源周围的扩散条件、污染物的扩散影响范围等。其研究通常用间接解译标志进行,即用植物对大气环境的指示作用来对城市大气环境质量进行判别。生长正常的植物叶片对红外线反射强,在彩色红外像片上色泽鲜艳、明亮;受到污染的叶子,反映在彩色红外像片上颜色较暗。因此,通过遥感监测结果可对城市污染源及其扩散影响、污染程度等进行分析研究。此外,对城市大气的监测要结合环境监测站点的资料进行分析,以获取定量化的大气污染指标。利用地物的波谱测试数据、彩色红外遥感图像及少量常规大气监测数据，可获取关于城市大气环境质量的基本数据，并建立城市大气污染的评价模型。目前城市大气遥感主要包括两方面：①城市大气污染监测。依据航空遥感监测资料所编绘的各类大气污染源的分布图，显示了建成区工厂烟囱和高能耗的分布。商业区、人口密集区和交通拥堵分布采用航空多光谱技术，根据同一地物的不同光谱特性，进行计算机处理，可监测大气污染的主要污染物、颗粒大小及空间区域的分布，从而对城市内不同类别的大气污染做不同处理。②大气污染物扩散规律的研究。遥感可观测到大气中气溶胶类型及其含量、分布与大气微量气体的铅垂分布。根据对热红外扫描图像的分析研究，可提出城市地面辐射温度和城市热岛现象形成的关系。

(2)城市水体遥感

城市水环境的遥感监测主要基于污染水体的光谱效应。水体污染物种类、浓度不同，使水体颜色、密度、透明度和温度等产生差异，导致水体反射波谱能量的变化，在遥感图像上反映为色调、灰阶、形态、纹理等特征的差别。根据影像信息，一般可以识别污染源、污染范围、面积和浓度。城市的水污染主要是由于工业、生活废水排入城市周围的水体，使水质发生变化。因此，对城市废水污染可用多光谱合成图像进行监测。污水除了在色调上与纯净水存在较大差异，其排放点、扩散方式、稀释混合等特征也是重要的识别标志，故结合 GIS 中的城市基本图件还可对城市废水的扩散进行分析。综合利用 RS、GPS 及常规监测手段，以 GIS 为信息平台，则可实现对城市水域分布变化和水体沼泽化、水体富营养化、泥沙污染等进行监测。上海市对长江水域从海潮初涨到落急进行了 7 个时段的往返彩红外摄影与热红外扫描，研究测区内的污染源、污染类型、污染物浓度以及在不同潮情下污水的扩散范围，这是对城市水体遥感应用的进一步深化。其他研究利用遥感数据与同步湖面多点观测资料分别对太湖和千岛湖水体叶绿素含量与不同波段遥感值之间的关系进行了定量分析，建立了叶绿素遥感含量的估测模型，为城市水体质量的定量分析提供可行的研究方法。

(3)城市不透水面积

雷达干涉数据(特别是长时间相干图像)在人工建筑物和裸土或稀疏植被之间具有很强的区分能力，利用 ERS—1/2 重复轨道雷达干涉数据，提取城市不透水层，特别是裸土和稀疏植被的 ISP 估算结果要好于光学遥感。同时，研究证明雷达干涉数据和光学遥感数据间的融合能够提高 ISP 估算精度。

(4)城市植被生产力

利用 NDVI 与时间的积分值来表征一定时间内的植被初级生产力，分析环渤海城市群地区城市化过程对植被初级生产力的季节性变化影响。研究区全年总的平均初级生产力，城市地区 NDVI 为 110.23d/km$^2$，而非城市地区为 123.94d/km$^2$，两者相差 13.71d/km$^2$，城市化过程在一定程度上减弱了地表植被初级生产力。

(5)城市辐射平衡

有研究工作模拟传感器分别位于近地面和卫星轨道时，研究了城市目标各组分在视场内的权重随观测天顶角、方位角和观测距离改变的变化规律。当传感器位于近地面时，在垂直太阳主平面附近，视场效应达到最大。方向亮温随观测距离的改变有明显变化。

随着观测距离的增加，视场效应急剧减小。因此，将近地面测量得到的方向亮温与卫星影像计算所得的方向亮温对比时，视场效应是一个必须考虑的因素。

### 2. 地表要素时空过程特征研究

地表要素的特征研究，需要开展地表物理、化学和生物的自然过程研究，需要开展水体、土体、大气、生物要素变化过程与机制的观测研究。目前的空间观测手段提供的是各种时空尺度零散分布的观测数据，这种瞬间获取的遥感数据，无论数据量多大，信息量是有限的，这也是造成当前遥感数据“既多又少”矛盾现象的本质原因之一。只有实现空间遥感观测从瞬间到过程的转变，才能促进定量遥感在生态环境问题中的应用。近年来，取得以下方面的进展。

(1)地表温度

作为地表与大气界面的关键参数，地表温度(Land Surface Temperature，LST)是全球与区域气候变化的指示因子。由于受到太阳辐射、地表热力性质、气候区域分布、大气状况等因素综合影响，地表温度在日内尺度上迅速变化。卫星平台过境的瞬时性与不连续性，使得大多数研究集中在空间维分布的地表温度遥感反演上。目前，卫星热红外遥感在反演高时间分辨率地表温度研究中的潜力尚未充分发挥。最近有提出综合静止气象卫星与极轨卫星数据、开展高时间分辨率地表温度遥感反演研究，研究成果有望推动精细时间尺度上的陆面过程研究进展。对于全球与区域气候变化研究具有较大的实用价值与积极的现实意义。

在一个昼夜周期内，地表温度变化具有周期性和谐波特征，仅利用极轨卫星获取的一个昼夜周期中的少数信息无法重建连续的地表温度序列。因此，研究者们多采用气候模式与遥感数据集成或多源遥感数据集成的方法。由于静止气象卫星对地观测的高时间分辨率，其获取的地表热辐射信息本身已经反映出地表温度的昼夜周期变化特征。结合相应的半经验模型，利用静止气象卫星所观测到的地表温度作为样本输入，即可确定模型的待定参数。如利用 GOES 卫星获取的地表温度信息，推算出模型参数，并将其用于高时间分辨率数据，生成 1km 空间分辨率的地表温度。国际上建立了具有明确物理意义的地表温度昼夜变化模型，进一步从地表能量平衡角度分析了大气气溶胶光学厚度对地表温度昼夜变化的影响。

地表温度的空间分布与地表特征紧密联系。利用高空间分辨率的热红外波段辐亮度影像与地表特征参数影像，通过对其进行空间上采样(Upscaling)模拟不同等级的低空间分辨率地表温度与地表特征参数影像，在此基础上分析地表温度—地表特征参数的内在关系，是建立地表温度空间下采样模型的有效途径。由于植被通过蒸腾作用对地表温度具有显著的调节作用，因此地表植被覆盖参数(如归一化差值植被指数 NDVI、植被覆盖度)常被用于建立其与地表温度的映射关系。国际上研究了利用 NDVI、植被覆盖度等作为特征参数，通过建立线性与多项式等形式的映射关系对 MODIS 与 GOES 地表温度进行空间下采样，取得满意的效果。有研究实践选用 1km 空间分辨率的 NDVI 数据对时间分辨率为 0.5h 的 GOES 卫星反演所得的地表温度数据进行空间下采样，从而获得空间分辨率为 1km、时间分辨率为 0.5h 的地表温度数据。

除地表植被参数外，部分研究报道了选用地球物理参数作为特征参数，建立其与地表温度的映射关系。如选用根据空间分辨率为 10m 的地表覆盖类型数据估算所得的地表发射率为特征参数，对空间分辨率为 90m 的 ASTER 地表温度数据进行下采样，将后者的空间分辨率提高至 10m，并将其用于分析夜间城市热岛。有研究以 PBIM 方法为蓝本，对比分析了四种地表特征参数(TM 数据提供的地表发射率、同季节地表温度、地表发射率与同季节地表温度、准同步的地表温度)对于提高 AVHRR 地表温度空间分辨率的能力，结果发现经过空间下采样后，120m 空间分辨率的 AVHRR 地表温度对于计算城市热岛强度有较高精度。

(2)珊瑚礁白化原因分析

国内在美济礁和渚碧礁进行了实地生态调查和采样，室内分析珊瑚共生虫黄藻密度，与近 10 年来南沙海域实测海表温度(SST)和卫星遥感资料对比分析，探究近年来发生在南沙群岛的珊瑚白化事件。分析白化的珊瑚主要分布在水深范围、珊瑚总白化率、白化珊瑚类型、白化珊瑚损失的虫黄藻、珊瑚白化的阶段等因素。通过时间序列证据分析南沙群岛异常高 SST 是导致美济礁和渚碧礁珊瑚白化的主要原因。

3. 高精度地表过程研究

深入识别和甄别地表要素在环境变化中的作用方式和强度，需要开展类似化学、物理学、生物学先进的测试、分析与模拟技术，开展高效率和高精度的地表过程研究，这需要发挥现代化研究手段和高新技术在地学海量数据获取与处理中的重要作用。当前，空间观测技术的效率挖掘与遥感数据精度的提升都为了达到这一要求。

(1)重金属污染对植被和土壤的影响研究

近年来，国内利用空间遥感与生物地球化学方法结合，利用光谱分析方法对盐肤木生物地球化学效应的波谱特征进行了系统分析，结果表明，随着叶片中 Cu 等金属元素含量的增大，其产生的毒化效应的波谱特征越明显，盐肤木叶片光谱反射率明显升高，波形蓝移，红边陡坡斜率增大，叶绿素吸收深度变浅，吸收中心稍有蓝移，水的吸收深度变浅，吸收中心位置红移，绿度指数变化明显。

(2)烃渗漏识别与油藏分布的关系

利用卫星影像数据对松辽盆地西部斜坡区进行稠油探测，结果表明烃渗漏蚀变区域与地质背景密切相关，与下伏油藏的分布大致相符。

(3)水体多角度偏振探测

通过改变光线入射角、探测角、探测方位角、偏振角等影响因子，分析水体样本的多角度偏振反射光谱的规律。通过试验，验证了多角度偏振反射的水体镜面反射消除方法，推进了多角度偏振技术在水体遥感中的应用。

(4)植被荧光分析

最近有工作探究从植被发射荧光光谱角度实现植被光能利用率可靠反演的可能性。方法是：运用涡度相关法获取群体生态系统净生产力(NEP)，通过呼吸作用拟合得到冠层总初级生产力(GPP)，结合吸收光合有效辐射(APAR)获取冠层光能利用率(LUE)，提取光合作用叶绿素荧光绝对强度和相对强度。试验结果表明，植被发射荧光光谱与光合有效辐射(PAR)显著正相关，760nm 波段荧光与 PAR 的复相关系数在 0.99 以上；叶绿素荧光绝对强度与 NEP 和 GPP 显著正相关，荧光和 NEP 对环境日变化具有类似的响应特征;688nm 和 760nm 植被发射的叶绿素荧光相对强度与 LUEGPP 存在可靠负相关关系,即叶绿素荧光强度越大,光能利用率越低。叶绿素荧光能够更好的跟踪植被光合状态的变化,更适宜于植被光能利用率的探测。

还有些研究工作总结了荧光量子产量、不同藻种生理状态、水体其他物质及大气的吸收等多种因素对叶绿素 a 荧光遥感的影响,推进藻类荧光效应的应用。

(5)油膜监测

有效分析了对海洋中原油、重柴油、轻柴油、润滑油和煤油等各种油膜不同厚度时的最佳卫星通道组合与增强处理模式,建立理想海洋溢油卫星影像制作方法。还有的工作分析水体中由于石油类污染物的存在,黄色物质和色素吸收光谱的变化规律。研究表明,石油类污染物会增大黄色物质和色素的吸收系数;石油类物质的吸收光谱曲线和非色素颗粒物、黄色物质一样遵循 e 指数衰减规律,但三者的指数函数斜率有明显的差别,因此将三者区分开是可行的。

(6)土壤背景影响

土壤线的影响因素主要有土壤类型、有机质、矿物组成、秸秆覆盖等,而土壤水分、粗糙度等尽管对土壤光谱反射率大小也有很大影响,但对土壤线的影响也较小。与土壤线有关的植被指数部分消除了土壤背景的影响,其与大豆生理参数的相关系数显著高于 NDVI,说明利用室内土壤光谱反射率计算土壤线的方法可行,所得参数适于计算基于土壤线的植被指数。

(7)土壤水分

国内近年来提出利用 ASAR 数据和 TM 数据协同反演植被覆盖土壤水分的耦合模型。将研究对象分为植被冠层和土壤层两部分,模拟冠层叶片含水量与单位体积内植被消光系数、后向/双向散射系数的经验关系,模型最关键的输入参数为光学易于反演的叶面积指数 LAI,实现微波和光学模型的耦合,引入植被均方根高度来修正冠层重叠造成的雷达阴影效应。结果表明,通过对雷达阴影效应的校正,模型反演的地表土壤水分与实测值的平均相对误差从 17.6%减小到 10.4%,RMS 从 0.055 $g/cm^3$ 降低到 0.031 $g/cm^3$,在 LAI 较小的区域,该主被动遥感耦合模型能有效的反演土壤水分,取得较好的反演精度。

同时,有研究工作应用了基于 EnKF 及陆面过程模型的中国区域陆面土壤湿度同化系统,进行中国区域陆面土壤湿度同化试验。试验结果的分析表明,陆面模式模拟和同化结果都能比较合理地反映出土壤湿度时空分布,同化的土壤湿度分布与 2006 年 8 月重庆、四川发生新中国成立以来最严重的夏伏旱有非常好的对应关系,与发生在 9 月的湖北东部、广西南部等地的干旱区也有非常好的对应关系。

### 4. 灾害监测与灾损评估

(1)干旱监测

2008 年我国自行研制的第二代太阳同步极轨气象卫星“风云三号”A 星发射成功,正在为气象监测与预报发挥重大作用。近年研究表明,250m 分辨率的时序 FY-3A/MERSI 卫星资料反演的 PDI 干旱指数能够客观地反映旱区旱情的空间分布和动态发展过程,PDI 指数和对应实地观测的 10cm、20cm 土壤持水百分含量之间有较好的负相关关系,其中 PDI 和 20cm 深度处的土壤持水百分含量之间的相关关系更为稳定。研究表明利用中国新型、自主的 FY-3A 卫星资料进行干旱监测业务是可行的。

(2)房屋受损评估

国内研究人员通过多次实验改进了的影像目标自动识别技术,一次性识别的倒塌房屋面积覆盖率优于 95%。此技术也可以用于其他灾害造成的倒塌房屋的自动识别。2011 年针对日本东北大地震,基于灾前多光谱遥感影像提取了地震重灾区岩手、宫城、福岛三县的建筑物与农田信息,然后通过与地震烈度分区的叠置分析,评估了建筑物的受损情况。通过建立基于地形与距离海岸线距离的海啸影响程度评估模型,分析重灾区沿海岸线建筑物与农田受海啸影响的损失结果,采用灾后高分辨率影像进行验证。空间遥感技术的应用,可为进一步开展经济、社会等灾情分析与评估提供科学数据。

## (三)月球探测

月球干燥的地表以下,一直被怀疑含有大量水冰,但直至最近才最终得以确认。最早"阿波罗 11 号"飞船采回的岩石样本中就发现了水成分,但由于样品容器有泄露发生,所以无法确认。以往多颗探月卫星测量发现月球表面氢原子同位素含量大大超出岩石所应具有的正常值,这只可能来自于水分子的作用。印度探月卫星搭载美国 M3 成像光谱仪对月球矿物及水体进行探测,发现月球存在较明显的水体吸收峰及 OH 基光谱特征,表明月球上水的存在。

为了进一步确认月球南极永久阴影区水冰的存在,美国宇航局在 2009 年进行了撞月探水计划,其目标是通过光谱探测来证实月球上水的存在。具体方法为通过高速重物撞击永久阴影区怀疑存在水体的区域,测量太阳照射下的溅飞月表目标的反射及吸收光谱,以证实月球上水的存在。结果在获得的撞击溅飞物的紫外可见光谱及红外光谱中发现了水分子的光谱发射峰及光谱吸收峰,这进一步证实了月球上水体的存在。

我国正在研制的月球车载红外光谱仪,在可见近红外、短波红外谱段通过对软着陆区和巡视区的月壤、月岩、矿物及有用资源进行高分辨率成像光谱就位探测,获取月壤微粒形态特征、岩石纹理、矿物形状等形态学信息,同时获取月壤、岩石、矿物的成分和含量等与物性相关的光谱信息,确定主要矿物组成和岩石类型,为月球表面的岩石和矿物识别提供科学依据,并对 14 种有用资源(钛、铁、钍、铀、钾、氧、硅、镁、铝、钙、钠、锰、铬、稀土元素)的利用前景进行评估。

## (四)火星探测

火星已成为当代深空探测的重点领域,美国和苏联于 1961 年发射了火星与金星探测器。迄今为止,人类对太阳系的探测共 251 次,其中火星探测共有 42 次,主要包括飞越、环绕、软着陆、火星车现场样品分析等方面。ESA 的火星快车(Mars Express)及美国的 MRO 代表当前环火卫星探测的技术发展先进水平。

ESA 于 2003 年发射成功的火星快车装载了 7 台有效载荷,其中用于谱探测的有效载荷为:SPICAM(Spectroscopy for Investigation of Characteristics of the Atmosphere of Mars,火星大气特征研究光谱仪),OMEGA(Observatory of Mineralogy,Water,Ice and Activity or IR mineralogical mapper,红外矿物光谱制图仪),PFS(Planetary Fourier spectrometer，行星傅里叶光谱仪），三者总重量超过 65kg，彼此在探测谱段上有部分重叠，可相互配合，相互验证。

SPICAM 由两个模块组成，一个工作在紫外谱段（118～320nm），另一个工作在红外谱段（1.0～1.7μm）。SPICAM 红外谱段的首要目标是测量火星大气中的水蒸气，并对经由火星表面反射及大气吸收的太阳辐射进行光谱分析。SPICAM 与 SPICAV 谱段较窄，因此，对火星表面矿物光谱探测需要通过与 OMEGA（IR mineralogical mapper，红外矿物学探测光谱仪）结合完成，而对金星光谱探测需要通过与 VIRTIS（UV - Visible IR Imaging Spectrometer，可见光与红外热成像光谱仪）结合完成。

OMEGA 通过测量及分析火星表面对太阳光的吸收和再辐射来获取火星表面成分分布，通过测量火星表面的热辐射来获取物质成分信息。它分为二个模块共三个谱段组成，一个工作在可见近红外谱段（350～1000nm），另一个工作在红外谱段（1.0～5.1μm），其中红外谱段又分为 1.0～2.5μm 及 2.5～5.1μm 两段。

PFS 在一个很宽的红外光谱范围（1.2～45μm），以很高的光谱分辨率但较低的空间分辨率，对大气分子反射及吸收太阳光及自身辐射进行测量，从而对大气分子进行识别，以获取所需信息。这些信息用于测量火星大气的成分及其随时间及空间的变化、温度和压力廓线、全球环流图、尘埃在大气中的含量及活动规律以及对火星天气的影响。PFS 重 31.4kg，它分为两个谱段，一个为 1.2～5.0μm，另一个为 5.0～45μm。

另外一个较为典型的火星光谱探测仪器是 2005 年 8 月发射的火星轨道探测器 MRO 上的高光谱成像仪 CRISM，主要应用于火星表面水与生命物质的探索，同时能够获取火星表面矿物成分信息。该仪器已传回大量火星成像光谱图像数据。

我国 CE - 1 卫星搭载了可见光成像光谱仪，没有覆盖红外谱段。我国目前在研的 CE - 3 巡视器红外成像光谱仪重量 6kg，属于近场探测。我国尚未开展绕火星红外谱段光谱仪的研制。

探测火星上是否有碳酸盐。因为碳酸盐是二氧化碳气体溶于水后与金属发生化学反应形成的，如果有碳酸盐就意味着火星上有水或者曾经有过水。无论是直接途径还是间接途径，都离不开对火星表面物质元素成分的探测。以往的火星着陆器所携带的探测器都是被动式的，除了个别的钻探工作模式，所能探测到的只是火星表面的物质成分。由于火星岩石被一层厚厚的风化层覆盖，被动式探测的局限性使其无法满足人类对火星的探测需求。激光诱导离解光谱仪是一种基于光学体制的主动式物质元素探测仪器，被认为是下一代深空探测领域最有优势的有效载荷。

## 三、空间遥感学科国内外研究进展比较

### （一）空间遥感系统技术的进展比较

#### 1. 国外研究进展

（1）高分辨率卫星遥感系统

美国在对地观测领域和发展方向上一直处于领先地位，目前有数字地球公司（Digital

Global)、轨道成像公司等商业遥感卫星公司。数字地球公司是全球商业地球影像和地理空间信息市场的领袖，运营 QuickBird 卫星，产品分辨率为 0.7m（全色）至 2.8m（多光谱）。轨道成像公司是世界上最大的商业卫星遥感公司，运营 IKONOS 系列卫星和 OrbView 系列卫星。IKONOS Block－II 为双星超高分辨率卫星，星下点地面采样间隔为 0.47m 和 0.27m 。IKONOS Block－III 是合成孔径雷达卫星（SAR），星下点分辨率 1m，可全天候全天时采集，并频繁重访。OrbView－3 是世界上第 3 颗空间分辨率 1m 级的商业卫星（全色 1m，彩色 4m）。

日本于 2006 年 1 月 24 日发射了 ALOS（the Advanced Land Observing Satellite）卫星，是日本的高分辨率对地观测卫星。该星采用了先进的陆地观测技术，能够获取全球高分辨率陆地观测数据，主要应用目标为测绘、区域环境观测、灾害监测、资源调查等领域。ALOS 卫星载有三个传感器：全色遥感立体测绘仪（PRISM），主要用于数字高程测绘；先进可见光与近红外辐射计－2（AVNIR－2），用于精确陆地观测；相控阵型 L 波段合成孔径雷达（PALSAR），用于全天时全天候陆地观测。其中，PRISM 具有独立的三个观测相机，分别用于星下点、前视和后视观测，沿轨道方向获取立体影像，星下点空间分辨率为 2.5m，数据主要用于建立高精度数字高程模型。AVNIR－2 传感器空间分辨率为 10m。

韩国于 2006 年 7 月 28 日发射了多用途卫星－2（KOMPSAT－2），标志着韩国在遥感卫星领域取得了进一步的突破，成为继美、俄、以、日、印之后第 6 个具有优于 1m 分辨率遥感能力的国家。该卫星携带高清晰多光谱照相机，分辨率 1m，主要用于地形勘测，地图绘制和自然资源勘探。KOMPSAT－2 上装有 GPS 接收机用于定轨，具有较高的姿态机动能力，能够在滚动方向侧摆±56°，俯仰方向侧摆±30°，进行多轨立体成像；轨道重访周期为 28 天，具有姿态机动能力后，单星重访周期为 3 天。

泰国发射了泰国地球观测系统（Thailand Earth Observation System，THEOS）。该星由欧洲航空防务与航天公司（EADS）阿斯特里姆（Astrium）分公司与泰国科技部太空局（GISTDA）共同研制，具有高分辨率黑白模式和宽幅扫描多光谱模式，具备全球成像能力，将为泰国政府提供全球有地理参考的影像产品和用于制图、土地利用、农业监控、森林管理、海岸带监测和洪灾管理的影像处理能力，以及在 2 天内获得泰国任意地区资料的能力，大大降低泰国在卫星数据使用方面的成本。

（2）航空遥感系统

在积极发展航天对地观测系统的同时，为解决高分辨率空间数据需求问题，世界上各主要国家仍然大力地发展航空遥感系统，以满足国家安全和经济建设需求。国外航空遥感技术正在向更高分辨率（空间分辨率和光谱分辨率）方向发展，注重系统设备的小型化，强调航空遥感对航天遥感技术的验证和支持，在其配置上注重多波段、多种类遥感设备的集成。目前，国外基于大型飞机平台的航空遥感系统有：

1）美国宇航局（NASA）的遥感设备飞机。

美国宇航局（NASA）所属的 Dryden 和 Ames 飞行研究中心，为发展机载和星载遥感设备，为先进遥感设备设计及卫星模拟实验提供测试平台。NASA 拥有两架 ER－2 和一架 DC－8 型飞机。美国能源部的航空遥感系统所属飞机也可以为 NASA 和其他遥感设备的研究发展单位提供飞行平台。这些系统还用于与卫星同步飞行，提供“地面”实况数据，验证 NASA 地球观测系统的算法和应用效果。

许多遥感设备安装在这些飞机上进行飞行实验，其中包括机载可见光红外成像光谱仪（AVIRIS）、中等分辨率成像光谱仪机载系统（MODIS）、机载多视角成像光谱辐射计（AirMISR）、机载合成孔径雷达（AIRSAR）、热成像仪（TMS）、机载海洋色谱成像仪（AOCI）、机载降雨雷达（ARMAR）、极化扫描微波辐射计（PSR）、毫米波成像辐射计（MIR）、多光谱大气成像遥感设备（MAMS）、航空相机系统（ACS）、电子光学相机（EOC）、卫星遥测和数据传输链路（STARLink）等。

2）美国环境遥感设备机载实验平台（RASTER－J）。

RASTER－J 是美国海军实验室联合七个政府部门（能源部、环境署、地质调查局、宇航局、农业部、USACE、国家海洋大气局）建立的遥感设备实验平台计划，目标是现场展示多遥感设备同时用于环境现象和事件的监测，根据其有效性和价值，将国防部和能源部发展的遥感技术向环境领域的研究转移。

RASTER－J 的飞行平台是 C－141 大型飞机。C－141 飞机上装备的主要遥感设备包括：高性能的超光谱成像仪（HYDICE）、毫米波无源成像系统、先进的合成孔径雷达系统和激光雷达系统等。RASTER－J 计划提供高空间分辨率的数据，适合对高复杂结构地表进行短期、不规则现象进行研究。

3）俄罗斯多频、多极化雷达系统飞行实验室（IMARC）。

IMARC 是安装在 TU－134A 大型飞机上的多频段（VHF、P、L、X）、多极化（VV，HH，HV，VH）合成孔径雷达系统空中飞行实验室，它可以对地球表面进行全天候的高分辨率遥感。

4）巴西亚马逊警戒系统（EMB145RS）。

为实施著名的“保卫亚马逊”计划，巴西政府将 ERJ145 飞机改装为遥感飞机，代号为 EMB145RS。作为支线客机的 ERJ145 飞机有 45 座，航程很短，改装为遥感飞机后，通过在后机身增加 6 个 770L 的油箱，EMB145RS 空中作业时间提高到 6～8 小时。EMB145RS 装载合成孔径雷达、光学相机、前视红外热像仪、成像光谱仪等遥感设备，可全天候用于对地观测，包括热带雨林和植物生态变化、生物群落自燃、地质调查和搜索非法活动等。EMB145RS 可实时获得遥感图像，并在飞行过程中进行分析。飞机上装有数据链，用于飞机和地面中心的联系或将图像实时传输到地面中心。

总之，和航天遥感系统不同，航空遥感系统的种类繁多，应用门槛较低，涉及的领域又极为广泛，资源分布在各个部门，故航空遥感资源的整合和发展问题一直得到各个国家的重视。欧盟通过统一的空间政策整合了航空遥感资源，承担整个欧洲大比例尺测图；美国将国家级大型、多功能、综合航空遥感系统与部门和企业中小型航空遥感系统资源统筹配合，在国家、联邦和企业三个层次上发展其航空遥感系统，承担国家周期性航空测图计划和城市发展规划的测图任务。但无论是欧盟还是美国，都依然强调国家级大型航空遥感系统的骨干和不可替代作用。

基于大型飞机平台的航空遥感系统具有以下基本特点：有效载荷较多，可同时采用多种遥感设备实施对地观测，主要用于地球系统科学实验和民用领域高分辨率空间数据获取。事实上，在美国用于城市规划和基本地图测绘大约 65％以上的高分辨率空间数据是靠航空遥感系统来保证的。法国SPOT系列卫星、加拿大的RADARSAT系列卫星和美国的LANDSAT、EO-1等卫星载荷遥感设备都经过航空平台的校飞和定标实验，从而减少了投入风险，并增加了运行效率。

(3)无人机遥感系统

无人机对地观测系统已广泛应用于等军事领域。目前，美国有“全球鹰”、“捕食者”、“火力侦察兵”、“鹰眼”、“X-45A”等57个类型，以色列有“苍鹰”、“侦察兵”等16个类型、法国有“红隼”等15个类型，俄罗斯现有6个类型的无人侦察机。美国和以色列拥有从低空、中空到高空，从低速到高速，从近程、中程到远程、长航时等多种类型的侦察、监视或多用途型无人机。在低空型无人机中代表性的有“先锋”(Pioneer)、“影子”系列(Shadow 200、400、600)、“搜索者”(Searcher)、“猎人”(Hunter)等，其使用升限一般在5000m以下，任务半径小于300km，有效载荷小于120kg。中空远程长航时无人机中代表性的有“苍鹭”(Heron)、“捕食者”(Predator)等，其使用升限一般在8000m左右，任务半径1000km左右，有效载荷200kg左右，续航时间40小时左右。高空长航时无人机的代表为“全球鹰”(Global Hawk)，其使用升限为19800m，最大巡航速度640km/h，任务半径5000km左右，有效载荷1000kg左右，续航时间36小时左右，曾搭载各种对地观测设备(合成孔径雷达、电视摄像机和前视红外装置)。

美国无人机在大气辐射测量(ARM)计划、森林火灾监测、精准农业、海洋地磁场测量、飓风和龙卷风测量等研究中也承担了重要任务，无人机的应用正在从军事领域向民用领域扩展。

2. 国内研究进展

(1)高分辨率卫星遥感系统

在16个国家科技重大专项之一的“高分辨率对地观测系统”框架下，中国正着手研发新一代高分辨率对地观测系统，重点发展基于卫星、平流层飞艇和飞机的高分辨率先进观测系统，形成高空间分辨率、高时间分辨率、高光谱分辨率和高精度观测的时空协调、全天候、全天时的对地观测系统，建立对地观测数据中心和应用系统等地面支撑和运行系统，提高中国空间数据自给率。

国防科工局和中国科学院合作成立“高分辨率对地观测系统”重大专项工程中心，负责组织实施中国新一代高分辨率对地观测系统工程建设，将围绕建立中国战略性空间基础设施的目标，统筹建设天基、临近空间、航空、数据中心和应用五大系统，构建天、空、地三个层次观测平台，满足国家经济建设、社会发展和国防建设的战略需求。

高分系统中包含光学成像、高光谱、静止、SAR四类型7颗卫星、二十多个载荷，探测谱段范围从可见光、近红外、红外至微波波段，时间分辨率最快可10分钟覆盖全国，到2020年，将建成由空、天、地三个层次观测平台的大气、陆地、海洋先进观测体系；建立稳定的运行系统，形成空间信息产业链路。

“高分辨率对地观测系统”专项应用系统开展国家重大应用示范工程建设、行业应用示范项目、国家综合应用和区域应用示范项目，围绕西部大开发、东北振兴、中部崛起、东部发展，服务区域经济发展和主体功能区建设，促进高分辨率对地观测数据和技术成果的普及应用。

（2）航空遥感系统

为满足基础测绘、专业调查、工程勘察以及军事等对高分辨率影像数据的需要，在我国形成一支由军队、通用航空、科研等单位组成的航空遥感队伍。航空遥感技术也在我国许多部门获得广泛的应用，取得了显著的社会、经济效益。我国的航空遥感技术在国际上已占有一席之地。近年来，在国家多个项目计划的支持下，我国自主研发了机载多光谱航空相机系统、大面阵全色 CCD 数字航测相机系统、高分辨率合成孔径雷达系统、成像光谱仪系统、推帚式超光谱成像仪系统、机载三维成像仪系统、热红外成像仪系统等多种对地观测设备，虽在一定程度上缓解了我国对地观测设备对国外技术的依赖程度，但技术水平和国际先进水平相比还有一定的差距，其工程化程度和可靠性还难以满足各行业业务运行需要；模块化和通用化程度低，限制其在各个行业的应用范围。

（3）无人机遥感系统

我国在无人机民用领域也取得了一定的成绩，贵航集团等单位研制的枭燕-1，枭燕-2 型无人机已尝试应用于小范围遥感测绘、困难和灾害区域监测和救援等领域。

在国家多个项目计划的支持下，我国自主研发了多种对地观测设备，虽在一定程度上缓解了我国对地观测设备对国外技术的依赖程度，但其技术水平，和国际先进水平相比还有一定的差距，其体积、重量、功耗和环境适应能力还很难满足无人机和小型飞机平台的使用要求。以微波遥感的主要设备合成孔径雷达（SAR）为例，国内应用的主要飞行平台仍为军方的无人机，以军事侦察为主，军事测绘和国家基础测绘所需的机载 SAR 系统，目前还未达到可实用化业务运行的水平。

## （二）空间遥感应用的进展比较

### 1. 大气环境领域

卫星资料在空气质量方面的研究主要利用的是高光谱资料，研究方向主要集中在气溶胶、污染物气体、痕量气体等反演监测方面，以及利用模式同化反演产品进行区域空气质量预报。

国内目前利用地面 AERONET/PHOTONS 气溶胶观测网的站点资料，在北京地区对 POLDER-2/PARASOL 卫星多角度偏振信息获得的气溶胶反演产品进行分析，比较气溶胶光学厚度（AOT），证明了卫星气溶胶业务反演产品表征主要来自人类污染排放的细粒子气溶胶贡献和实用性。在大气污染气体和温室气体的探测方面，我国开始了星载大气探测的差分吸收光谱解析方法的专项研究，在污染气体地基主动 DOAS 探测方面，国内已经研制并在环保部门安装 200 多套无人值守基于 DOAS 技术的城市空气质量自动监测系统，这为地基和机载被动 DOAS 探测技术奠定了良好的基础。在卫星探测方面，在 2008 年发射的 FY-3 卫星上，具有红外分光计、紫外臭氧垂直探测仪（SBUS）和紫外臭氧总量探测仪（TOU）等载荷，如何从这些现有载荷的数据中获得温室气体和臭氧信息是需解决的关键问题，还要开展进一步的研究。这样，可以通过成熟的反演算法模型，直接将高光谱卫星遥感数据进行高精度的业务化应用。

国外近年来利用 IASI/Metop 卫星的红外数据制作全球氨浓度分布图，研究发现卫星测量的与大气化学传输模式模拟的具有很好一致性，并推断北半球氨气的排放可能被低估，同时证明卫星监测氨气有助于全球氮循环的理解。此外还开展了利用卫星资料进行 $SO_2$ 监测，以及基于卫星资料和地面实际观测数据研究热带地区秸秆燃烧对大气气溶胶浓度变化的影响。美国研发了空气质量实时预报系统，实现将卫星遥感和地基测量的气溶胶浓度和光散射参数进行三维可视化显示，实现近乎实时的大气颗粒物污染显示，而且利用存档数据可以进行历史分析，具有较好业务效果。

2006 年欧洲空间局发射的气象观测卫星计划（METOP）中的第一个卫星 METOP－A，上面搭载了第二代全球臭氧监测仪（GOME－2）和近红外大气探测干涉计（IASI）分别可用于监测臭氧、氮氧化物及一些温室气体。除目前运行的大气环境卫星遥感探测外，计划发射的美国 NPP/CrIS（跨轨红外大气探测器），以及新千年计划中地球观测 EO－3/GIFTS（地球同步傅立叶变换成像光谱仪）和未来的静止气象业务卫星中的 GOES－R/HES（高光谱环境组），都属于新一代卫星上的超高光谱主要用于大气探测的成像光谱仪。总的来说，在大气污染气体（$O_3$、$SO_2$ 和 $NO_2$）遥感监测方面，部分（$O_3$）开始了业务化运行试验；在温室气体（CO 和 $CH_4$）的监测方面已经开始了大规模的卫星遥感探测实验研究。

2．水环境领域

国内根据 HJ－1 卫星的高时空分辨率资料，设计了水环境遥感应用系统（RSA-SWE），利用 RS 和 GIS 技术建立一个集成平台可实现遥感数据的处理、参数信息提取、专题制图等功能。该系统可提供区域水环境的监测、预测以及水污染的预警。

国际上，继续充分利用 ASTER 和 Landsat7 ETM＋数据，借助不同软件对海洋污水进行分析，对识别出的污染区域进行实际测量，发现主要的永久污染源，其中超过 73％的污染源主要为污水、化学物质、废油的排放。同时，也开展利用 MODIS 资料对沿海强降水的羽状区域探测，为区域水质监测提供依据。

3．生态环境领域

国内利用 HJ－1 卫星 CCD 数据和美国 ICESat 的激光测高（GLAS）波形数据，对北方森林的生物量进行估测研究。根据机载激光雷达对树冠的高度测量，通过对比，提出基于高分辨率卫星数据进行大范围测量的模拟应用，继续探索业务应用的可行性。

国际上将 MODIS、TRMM、SRTM 等标准陆地产品应用到 1km 的高分辨率生物圈模型中，对东亚进行碳通量预估研究，并利用高分辨率卫星资料对地表生态系统进行监测研究，快速获取森林覆盖面积、冠层密度等生态系统参数。

4．城市环境领域

国内针对 HJ－1B 热红外数据，进行城市热岛效应对比研究，将反演结果与 TM 和 MODIS 的结果进行对比，具有很好的匹配关系，表明高时空分辨率的国产环境卫星为我国城市热环境研究提供了契机。同时，也针对利用“北京 1 号”卫星融合数据，研究非正规垃圾场的影像特征，建立了非正规垃圾场在影像上的判读标志，通过人机交互和计算机自动检测方法对非正规垃圾场进行了判读分析和变化检测试验研究，发现识别精度可达 90.3％。

国际上，利用 LISS III 卫星图像，根据最大似然概率法进行土地使用空间变化的区分，为城市资源利用和环境的可持续发展提供宏观规划依据，也根据卫星遥感资料对城市土地退化和环境变化的评估研究。利用 IKONOS 资料，基于像元和目标的分类方法，对城市功能区进行区分，为城市规划提供及时合理依据。根据高分辨率卫星资料对居民区密度的监测实现对城市固体废弃物评估，对废弃物的收集、分类、运输和处置进行统筹管理。

5. 公共卫生领域

国内利用 HJ－1 卫星数据，根据生态位模型，研究影响老鼠活动的主要环境因子，进行喜马拉雅旱獭鼠疫自然疫情疫源的预测和分析。国际上有利用 MODIS 资料对汉他病毒进行预测研究。

6. 城市地质领域

目前城市地表形变监测主要采用大地测量方法，需要布设地面监测网，野外作业和监测网维护相当费时并且耗费大量的人力财力，空间分辨率低且覆盖范围较小，无法获得整个区域的沉降趋势。高级雷达干涉测量是极具潜力的对地观测新技术，具备全球范围内的高精度地表形变监测能力。高级合成孔径雷达干涉测量技术应用产品，包括城区地表沉降空间分布主题图和长期变化趋势分析结果，对地铁、高铁、磁悬浮、跨海大桥，机场跑道，高速公路和港口码头等大型人工线状地物地基形变周期性监测结果，这些产品具备潜在商业开发潜力。

合成孔径雷达干涉测量技术在地表形变监测中的理论方法研究和应用研究得到了国内学者的广泛关注，并逐渐成为热点研究课题。对中国三峡地区以及上海地区开展了高级合成孔径雷达干涉测量地面沉降初步探索，结果表明该技术有开发潜力。中科院遥感所、中国地震局和中国地质调查局等多家单位近年来也陆续开展了合成孔径雷达干涉测量监测地表形变相关研究，在环渤海湾地区、长三角的上海、苏锡常地区的地面沉降监测中得到初步的应用。香港中文大学将合成孔径雷达干涉测量技术应用于珠江三角洲特大城市（包括香港、广州和深圳等）地面沉降监测，得出的成果受到有关政府部门重视。

在国外，卫星合成孔径雷达技术应用已经业务化和产业化。例如，瑞士伽马公司开发的合成孔径雷达干涉测量地面形变技术产品服务已行销全球。其所提供的服务和产品有：由多源合成孔径雷达影像（例如 ERS，ASAR，JERS，Radarsat，Palsar）干涉得到的数字高程模型，雷达影像干涉相干产品和多时相雷达影像假彩色图、分类图、土地利用图产品，雷达影像干涉得到的变化检测产品，数据处理服务，雷达干涉测量在地面沉降、边坡稳定性监测、地震断层位移应用服务产品，针对不同用户需求的服务。类似提供合成孔径雷达干涉测量地面形变技术产品服务的公司还有意大利 TRE，该公司提供永久散射体干涉测量技术监测城市地表形变、边坡稳定性监测、地震形变监测等多项服务。

## （三）空间遥感数据处理软件系统的进展比较

我国也形成了一定规模的空间信息企业，如适普软件公司的产品全数字摄影测量系统（VirtuoZo）被国际摄影测量界公认为三大实用的数字摄影测量系统之一。超图公司开发的软件 SuperMap 在国内 GIS 市场处于领先地位。东方泰坦公司开发出自主知识产权的 GIS 软件 TINTAN。21 世纪宇视蓝图公司主持 BJ－1 小卫星的设计、发射、测控、运营、数据处理和销售。GeoBean 公司开发有类似 Google Earth 的地图浏览系统，也涉足手机移动定位领域。国遥万维/新天地在遥感数据处理和应用方面居于国内领先地位。

但是，以 GoogleEarth、ERDAS、ENVI、STK、MODTRAN、PCI、像素工厂、World-Wind 等为代表的国外系统软件在我国占举足轻重的地位。像素工厂（Pixel Factory）是法国 INFOTERRA 开发的一套用于大型生产的遥感影像处理系统，具有若干个强大计算能力的计算结点，输入卫星影像或者传统光学扫描影像，在少量人工干预的条件下，经过一系列的自动化处理，输出包括 DSM、DEM、正射影像和真正射影像等产品，并能生成一系列其他中间产品。

## （四）空间遥感应用服务与产业发展的进展比较

### 1. 国外发展现状

国际对地观测领域很重视遥感数据的产品化与销售，从政策、机制、投资等各个方面极力促进遥感产业化。为了加强用户基础支撑遥感产业，美国政府从国家航空航天局的 Landsat 卫星商业化入手，鼓励私营公司积极参与遥感卫星产业。1984 年 7 月，罗纳德·里根总统签署了《陆地遥感商业化法案》（P. L. 98－365），指令当时主管 Landsat 卫星计划的商务部挑选一家私营承包商来经营该卫星系统并销售其所获得的数据。为了推动私营企业投资商业陆地观测卫星，美国国会在 1992 年通过了《陆地遥感政策法案》（P. L. 102－555），允许卫星经营者不受任何价格限制将任何特定图像仅出售给一家用户，并要求私营公司确保未经增强处理的图像数据可供被成像国家的政府使用。1994 年 3 月，为了进一步明确管理体系和加强美国的商业竞争力，比尔·克林顿总统颁发第 23 号总统决策令，放松了向国外实体销售高分辨率卫星图像的限制。2003 年 4 月 25 日新商业遥感航天政策获准，“通过维护国家的遥感航天行为、持续和增强美国遥感产业，推进和保护美国的国家安全和外国政治利益”。2005 年 12 月美国通过《2005 年 NASA 授权法》（HR. 3250），加强遥感、近地目标勘测等的商业化运作规则。

《陆地遥感政策法案》通过前后，以 World－View 公司为首，美国共有 12 家公司向政府提出高分辨率商业卫星经营许可证申请，共计投资约 12 亿美元从事商业卫星遥感活动。美国政府还直接补贴私营公司（200～400 万美元，用于地面系统升级），保证购买其数据（传给军方的国家图像与测绘局），从而促进美国商业遥感产业的发展。一些美国国家安全机构已与若干现有的和未来的卫星经营者达成不同的协议，以购买其高分辨率卫星图像。例如，自 1998 财年以来，国家图像与测绘局每年耗资约 500 万美元购买商业图像，并且承诺，一旦 1m 商业成像系统投入使用，它将大幅度提高数据购买量。

法国的卫星系统虽然由政府所有和经营，但这些卫星搜集到的图像可由私营公司销售和分发。如法国航天局负责经营和维持 SPOT 卫星，而将图像的销售权留给 SPOT 图像公司。俄罗斯和印度政府则通过其国有机构（俄 Sovlnform－Sputnik 公司；印度 Antrix 公司）来保持对数据分发的控制权，这两家国有机构均与美国的公司签有合作协议以扩大其图像销售能力。SovlnformSputnik 公司与美国航空图像公司和纽约中央贸易系统公司组建了一家合资公司，以销售 SPIN－2 产品。Antrix 公司则与太空成像公司签订了合同，以拓展印度 IRS-1C 和 IRS-1D 卫星图像的销售规模。加拿大航天局将 Radarsat 计划移交给私营企业——麦克唐纳·德特威勒联合公司(MDA)管理。对于 Radatsat-2，加拿大政府承担大部分建造费用，麦克唐纳·德特威勒联合公司参与了卫星研制和承担部分建设费用，在 Radarsat-2 工作后，MDA 用该卫星数据的销售所得偿还了加拿大政府提供的资金。以色列政府允许西印度航天公司使用以色列间谍卫星技术来建造 EROS 星座，并买断前 3 颗 EROS 卫星在 8 年运行期间所搜集的所有中东地区图像。

许多国家为了适应全球经济一体化的发展趋势，近年来纷纷实施"数字地球"的信息化发展战略。2005 年 6 月，美国 Google 公司率先在全球推出数字地球原型系统 Google Earth，免费提供全球范围地图搜索和 GPS 导航服务，可准确查看地球任意位置的某一时间段的景象并搜索各类有用信息，甚至可以导入建筑模型、风景园区等三维对象进行更加详尽的参观访问。Google Earth 在极短时间内推广到世界各地，给全球带来空前震撼。

2. 国内发展现状

我国从 20 世纪 70 年代初期开始利用国内外遥感卫星，开展卫星遥感应用技术的研究，在气象、地矿、测绘、农林、水利、海洋、地震和城市建设等方面得到了广泛应用。特别是近几年，随着国家高度重视遥感空间技术的行业应用和空间信息产业化发展，遥感空间技术已成为辅助区域政府行业管理必不可少的支撑手段，取得了显著的经济社会效益。

我国在卫星遥感方面的应用，当前的民用遥感卫星包括"风云"气象卫星、海洋系列卫星、BJ-1、中巴资源系列卫星、环境系列卫星等。其中，BJ-1 全色数据的空间分辨率为 4m、CBERS-02B 高分辨率相机(HR)星下点的分辨率为 2.36m。遥感数据在国土调查、城市规划、农业估产、海洋监测、污染控制、灾害预报及评估、地质矿产漏查和地质构造研究等方面都发挥了重大作用。需要继续利用我国已有的遥感卫星和国外的各种遥感卫星数据资料，努力发展多种应用，完善应用服务体系，促进卫星应用的市场化，培育、扩大市场范围。

在土地资源管理方面，遥感广泛应用于土地资源的调查、土地资源的监管和规划，国家土地管理部门分运用 TM 和 SPOT 等卫星遥感资料，分别对 19 个重要城市扩展与耕地变化进行动态监测，将土地利用遥感监测纳入土地管理业务化运行体系，逐步建立起全国的土地遥感监测体系；在农情监测方面，中国科学院于建成"中国农情遥感速报系统"，满足了国家重大需求，形成以国家发改委、国家粮食局、农业部、国家统计局为主的 23 个用户部门，取得了显著的社会效益；我国在利用遥感技术对我国的所有省份进行了生态环境质量的评价。

近几年随着国家坚持走可持续发展的道路，遥感应用领域逐渐由辅助行业管理向支撑区域综合协调发展的方向转变，并在一些区域的资源调查和生态环境保护方面开展初步的尝试。江西省完善经济生态动态监测网络，应用遥感、卫星定位系统等技术对"环鄱阳湖生态经济试验区"内的五河水质、湖泊环境、水土保持、节能降耗、污水排放、空气质量等内容进行动态监测。北部湾卫星应用评价与推广工程，利用我国自主研制的卫星全天候、中高空间分辨率和高时间分辨率的性能，开展当地农作物长势监测、林业资源调查、水资源调查、水体和大气质量监测、海洋资源与环境调查等工作，形成区域综合性应用业务流程和北部湾地区可持续发展专项大型多星综合资源与环境数字区域应用系统。武汉城市圈国土资源卫星遥感综合应用高技术产业化示范工程。

## 四、空间遥感学科发展趋势及展望

综合分析国外遥感发展现状和规划，总体上表现出以下发展趋势。

### （一）空间遥感向一体化集成方向发展

近年来，由气候变化导致的地震、飓风、沙尘暴、洪水、暴雪等自然灾害在世界各地频发，给诸多国家造成了重大的人员、财产损失。各国特别是航天大国都逐步意识到，人类对地球的认识还不够深入，利用以往的对地成像观测手段已经不能满足长期全面监测气候变化的需要。人类需要对地球表面连续分布的状态因子进行更全面、精确的刻画，需要对全球水循环、碳循环、大气、海岸带及珊瑚礁的持续观测；分析和预测制约全球气候变化的物理气候系统五大圈层（大气圈、生物圈、水圈、岩石圈和冰雪圈）的气象要素、参数，地表和海表的地球物理参数和生物地球化学参数。这需要建立一个新型综合观测系统，以科学研究为主要目的，以全球性的整体观、系统观和多时空尺度研究地球整体行为。

过去各国对地观测卫星都是相对独立的，相互不进行协作与配合，但随着全球化发展，尤其是在全球气候变化情景下，目前成立的世界地球观测组是一个政府间组织，拥有80个成员国和56个参与组织。设立地球观测组的目的是牵头开展一项世界范围内的工作，以便在今后10年内建设一个全球分布式对地观测系统。该全球分布式系统包括卫星观测系统以及全球、区域和地方的现场网络，将使世界范围内的数据和信息提供者和消费者能够享受到地球观测带来的惠益。在气候变化领域，地球观测组目前负责协调国际综合水循环管理项目，并开展全球森林碳汇跟踪研究。地球观测组2009—2011年气候变化领域工作计划包括开发全球碳观测和分析系统、发展环境和气候信息用于决策、风险管理和采取对应措施、并对卫星系统提供的关键气候数据进行再处理和再分析以评估可行性和变化情况。最近几年中欧合作“龙计划”(Dragon Programme)是目前我国在地球观测领域规模最大的国际合作项目，合作内容包括科学研究、数据共享、技术培训、学者交流等多个方面。“龙计划”的实施有力地促进了中欧遥感科技界的交流与合作，推动了我国遥感应用技术的提高，并为我国培养了大批青年遥感科技人才，产生了良好而广泛的国际和国内影响。

国外空间强国已经向集卫星、航空与地面一体化发展，全球系列的对地观测体系一体化应用，高、中、低多分辨率对地观测数据一体化综合使用及高空间、时间、光谱分辨率的互补与结合趋势明显。国际上先后建立了国际一体化全球观测系统（GEOSS）、地球观测系统（EOS）、欧盟地球环境与安全监测系统（GMES），俄罗斯、印度等国也正在统筹资源建立协调、有效的对地观测系统。

全球化空间信息资源强化集成。国际上对地观测技术的飞速发展，使得对地观测领域的国际合作与协调逐渐加强。全球对地观测组织（GEO）筹划成立了全球对地观测系统（GEOSS）。GEOSS是一个由许多子系统构成的分布式系统，是在现有独立的观测和处理系统的基础上通过合作逐步建立起来的，并不断鼓励和吸纳新成员。目的是弥补各国在观测上、知识上、技术上、能力上，最重要的是组织上的空缺。具有以下特点：综合性，享有来自各个子系统的观测台站及产品，满足参与成员的需求；协作性，协调并整合个体资源为整个系统服务，协作集体的总能力和总产出将大于个体能力和产出之和；可持续性，系统的个体成员及集体的能力共同保证了系统的可持续性。

## （二）空间遥感应用向精细化方向发展

高分辨率的精细对地观测系统发展已为主流，空间数据的空间分辨率、光谱分辨率、时间分辨率不断提高，15m 空间分辨率数据已经成为对地观测系统的重要数据组成部分；光谱分辨率已经发展到目前的纳米级；短覆盖周期、全天时、全天候观测能力加强。目前国外高分遥感在区域的综合应用已经进入成熟阶段，美国、欧盟等不少国家已经将高分遥感数据监测应用常态化，监测区域的重点已逐步从本国区域扩大到全球范围，以此来协调全球资源环境变化和本国发展之间的关系。

数据获取进入高分时代，临近空间和静止轨道凝视观测成为发展热点；基于新原理和新方法的成像技术、平台技术等将得到原理性突破。高空间、超光谱、宽幅盖的对地观测载荷已成为当今对地观测发展的主流与趋势。在精细地球系统观测方面，亚米级空间分辨率载荷、光谱分辨率为 0.1～0.5$cm^{-1}$ 已在商用卫星上得到应用；1000km 幅宽的中等空间分辨率的多光谱载荷成为发展的重点。

地球表面有巨大的人口规模和占地规模，内部与外界之间发生持续、频繁的物质能量交换，伴随一系列复杂的物理化学及生态过程，与其他动态事物相比具有更大的复杂性。因此，对于地表多要素复杂动态变化过程，有效监测、评估、分析需要多平台、多传感器、高分辨率、多角度特征的空间遥感技术支持。欧美等西方发达国家经过几十年的发展已经形成一系列利用遥感技术进行资源监测和评价的遥感数据应用、方法和管理模式，包括高精度的传感器、成熟的图像处理技术、翔实的基础数据库、完整的调查、管理业务内容等。

目前国外高时间、高空间、高光谱遥感数据已广泛应用到区域范围内的各个领域中。欧洲利用 spot 数据和 GIS 技术对黄土带土壤侵蚀区进行制图，并肯定高分辨率卫星遥感在土壤侵蚀中的作用，探索开发区域性土壤侵蚀模型，开发洲级坡面面蚀和沟蚀侵蚀预报模型；在区域生物多样性保护方面，美国地质勘测局（USGS）利用 GAP 分析方法（利用遥感资料获得的植被型的分布图，将脊椎动物或植物群丛作为生物多样性保护的指示种，利用地理信息系统中的数字地图层来确定单个物种的分布、物种丰富度高的热点地区以及现存生物多样性保护区中有和没有的植被类型）获取怀俄明州七大猎物潜在迁移廊道分布图，确定受潜在威胁的区域，辅助制定区域保护规划；在区域地表水资源与水环境监测方面，为了了解铺设管理过程中的挖掘活动对荷兰南部的 Scheldt 河口泥沙的浓度分布和沉积状况，启动 RESTSWES 项目，通过利用 SeaWiFS 数据、IKONOS 数据等高分数据掌握挖掘区域的位置、挖掘的范围以及最上层水中悬浮泥沙的浓度，从而分析该工程对生态环境和可持续发展的影响，辅助政府决策；在区域生态环境保护方面，欧洲环境与安全全球观测计划通过遥感标准应用产品的质量保障体系提高了遥感技术在区域生态环境中的评估能力。美国明尼苏尼州自然资源管理局借助高分辨率的卫星遥感影像数据和 GPS 卫星定位系统对水生植物进行标注和归类，形成了湿地水生植物分布图，为该区域的湿地生态环境保护奠定了最新的参考数据资料;另外在地区资源监测方面,印度将遥感技术应用于社会经济条件比较落后的AndhraPradesh农村地区,并与GIS技术结合,在土地和水资源管理方面取得很多成功经验。尤其在用地管理、水资源分配、地形测量、泥沙控制方面,取得了不少的经济实惠。

航空遥感所具有的实时性强、机动灵活、空间分辨率高等特点,依然在资源环境、灾害监测、农林业调查、国土基础测绘等诸多方面起主导作用。同时,航空遥感为卫星遥感载荷的发展提供了前期试验和检验的技术平台,成为先进对地观测技术发展的试验床。此外平流层遥感也将成为未来发展热点与前沿。

### (三)空间遥感数据向标准产品生产方向发展

对地观测数据处理和分析进入智能时代。对地观测数据的质量和精度不断提高,定量遥感技术稳步发展,数据处理及信息提取中,重视对地观测标准产品的生产,为大批量业务化应用提供可能。同时对地观测载荷的光谱细分能力越来越强,各种超高光谱分辨率的探测仪器得到快速发展。各国在遥感技术日渐成熟并逐步扩大其应用范围的同时,重视遥感定量化技术,尤其在全球变化科学研究中对高精度定量化观测与数据处理起到了至关重要的作用。定量遥感技术集成传感器技术、航天技术、计算技术、地学、物理学、大气科学、信息科学、生态环境等多学科知识,目前已形成自己的科学和技术体系,成为科学研究与行业应用的有力技术支撑。

美国的NASA组织了由众多著名科学家组成的科学小组研究MODIS处理算法,在所提出的32种算法的理论基础上可以处理出44种标准的数据产品,用于不同专业的科学研究。MODIS科研组由4个学科组组成,即大气组、定标组、陆地组和海洋组。每个学科组都具有独立完善的系统,在产品反演、分析、验证、表达等方面都安排有学科专家,并针对每个产品设立一个PI代表。具体设置有:学科研究人员、PI处理代表、算法修正组、产品分析认证、表达分析支持。同时,形成管理支持组(MAST)、科研数据支持组(SDST)、MODIS支持组(MCST),致力于成果集成与服务、科研数据支持和发展高品质标准产品的工作。

### (四)空间遥感应用向大众化、普及型方向发展

航天发达国家十分重视空间应用的产业化。美国、欧洲、印度等国家针对高空间分辨率卫星数据普遍开展商业运作,采取卫星商业化、数据市场化、应用业务化与产业化的方式。目前美国Landsat卫星、法国SPOT卫星、美国QuickBird卫星数据的影响力最大,用户最为认可。通过数据代理中介,成功地以数据产品的形式向全世界发布,我国已成为这些数据的主要用户之一。仅在2005年,国外遥感数据在我国市场就已达每年1亿元。在社会上以市场融资方式发展高分辨率卫星,并向其他国家出售卫星数据及相关服务产品。随之而来的是大量的国外卫星地面系统与应用系统软件和个人软件的市场占领。

1998年,美国前副总统戈尔提出“数字地球”的概念和构想,许多国家为了适应全球经济一体化的发展趋势,近年来纷纷实施了“数字地球”的信息化发展战略。以Google Earth为代表的“数字地球”系统的出现已给人类对世界的认识带来新的冲击,对世界范

围信息化建设产生了新的震撼，并带来了显著的经济效益。通过直接向大众提供服务，空间信息服务开始步入千家万户，正在实现人类“将世界放在手掌中”的梦想。

欧共体基于多年的研究成果，于 2008 年推出 GMES(Global Monitoring for Environment and Security)(www. gmes. info)试运行服务，以服务组件(GMES service component)方式，为欧共体成员国提供土地、海洋、大气、应急、安全、气候等领域的遥感监测产品和信息应用服务。

## (五)多源空间数据集成应用的发展趋势

### 1. 遥感同化模型的应用

朱元励等在研究遥感信息和水稻生长模型的同化过程中，最小化遥感反演与生长模型(RiceGrow)输出的水稻生长信息差值绝对值时引入一种新的优化算法——粒子群算法(PSO)，并对比了其与模拟退火算法(SA)的优缺点；探讨了叶面积指数(LAI)和叶片氮积累量(LNA)分别作为同化参数时的同化效果。结果表明，PSO 无论是从同化效率还是反演精度上都要好于 SA，粒子群优化算法是一种可靠的遥感与模型同化算法；LAI 和 LNA 作为外部同化参数时各有优势，LAI 作为同化参数可获得较准确的播期及播种量，而 LNA 作为同化参数可获得更为准确的施氮量信息。但是 LAI 作为外部同化参数时的反演结果总体要优于利用 LNA 作为同化参数时的反演结果。利用试验资料对该技术进行了测试和检验，结果显示反演的模型初始参数的平均值与真实值的相对误差(RE)均小于 2.5%，均方根误差(RMSE)为 0.7～2.2，产量模拟值与实测值之间的相对误差为 5% 左右，模拟与实测相关指标值吻合度较高，该同化技术具有较好的适用性。从而为生长模型从单点扩展到区域尺度应用奠定了基础。

结合气象气候模式分析，气象部门利用卫星遥感数据，对很具有破坏性天气事件的提前警告技术，台风路径精准预报技术，有效天气预报技术(包括预报模式构建技术)，地区性降水比率的长期预测技术，全球尺度水循环变化预测技术，厄尔尼诺事件有效预测技术，10 年尺度的气候预测技术，中小尺度和雷暴尺度天气系统监测技术，突发性灾害天气临近预报技术，台风云结构及其演变的精细化动态监测技术，热带气旋发生、发展、演变和消亡过程探测技术，中小尺度对流系统的区域数值模式技术，温室气体、化学反应性气体、大气气溶胶全球监测技术，全球和区域空气质量监测和预报技术，大气成分数据处理、信息提取和反演技术，区域大气成分污染与控制技术等。

### 2. 结合地面探测技术的应用

我国有约 300 万 $km^2$ 海洋国土，为了维护我国海洋权益、合理利用开发资源、保护环境和开展海洋科学研究，需要在利用空间遥感探测手段的基础上，与常规海洋调查手段构成的空间、水面、水下的立体海洋环境监测系统，应对复杂、高动态的海洋空间应用。

近年来，我国疾病预防控制工作取得了很大进展，但形势仍然严峻。传染病和寄生虫病此起彼伏，常见或突发公共卫生事件纷至沓来。中国目前已有至少十余种新发传染病出现并造成流行。地方病的威胁无法根除，我国是地方病危害比较严重的国家，地甲病、地氟病、克山病、大骨节病等有较广泛分布，现有病人 1470 多万，病区人口达 2.48 亿。遥感技术目前在卫生行业的应用尚处于科研探索阶段，需要开展技术方法研究，建立遥感与空间信息技术应用和信息服务示范系统，搭建所需的技术环境，包括遥感与GIS软件、计算机与网络硬件等，培养有关专业技术力量。为保证遥感数据提取的准确性、可靠性，需地面监测数据验证，建设地面监测点。

### （六）空间遥感的商业化发展趋势

根据美国国际航天商业委员会的《2005年航天产业现状》报告，1996—2004年全球卫星产业销售收入年平均增长速度约为13%，其中卫星运营服务业增长速度最快，所占比重从1996年的42%上升到2004年的62.7%；地面设备制造业稳定增长，所占比重基本保持25%左右。2004年全球航天产业来自商业服务和政府计划的总收入已达1030亿美元。预计到2010年各国政府的航天经费预算将突破500亿美元，而私人公司和风险投资商的航天投入超过350亿美元。全球航天产业来自商业服务和政府计划的总收入将超过1580亿美元。根据美国BCC研究公司新的研究报告《遥感技术与全球市场—IAS022A》分析，2006年全球遥感产品市场已达70多亿美元，2007年达73亿美元，到2012年将达99亿美元，年增长率为6.3%。可见，遥感应用产业化已经成为一种必然趋势。

美国农业部外国农业局的全球作物遥感估产系统每年为其国际农产品贸易中获益高达十几亿美元。1996—2004年全球卫星产业销售收入年平均增长速度约为13%，其中卫星运营服务业增长速度最快，所占比重从1996年的42%上升到2004年的62.7%；地面设备制造业稳定增长，所占比重基本保持25%左右。

### （七）全球碳循环的高精度空间监测发展趋势

气候变化是当今国际社会普遍关心的重大全球性问题，全球气候变化的监测与分析不仅是一个涉及国民健康、经济社会可持续发展的科学和技术问题，而且已成为涉及国家安全和国际环境外交的政治问题。目前，发达国家凭借其空间技术优势，形成了对全球气候要素的监测能力。

目前各国都针对大气与陆地生态系统的碳发射专用卫星进行监测。NASA在20世纪90年代设立了地球系统科学探路者计划（ESSP），该计划旨在支持一些投资小、见效快的短期任务，以提供科学数据，回答地球系统科学中的一些重要问题。马里兰大学PARK学院和NASA Goddard空间飞行中心及其他一些大学与机构合作，提出植被冠层雷达技术（Vegetation Canopy Lidar，VCL）计划，开展对植被冠层和地形数据的观测，用于地球生态环境的研究。VCL提供的激光测高数据，可以解答环境学的重要问题，包括气候变化，生物退化和土地的可持续利用，完善评估全球生物量和碳储存、森林覆盖的范围和条件，并提供冠层数据用于生物多样性、自然灾害和环境的研究。VCL核心测量目标是：树冠高度、垂直分布结构、地面地形地势。美国NASA和NOAA目前正计划在今后10年内发射17颗新的卫星支撑有关碳与社会福利等方面内容。

日本于2006年已发射高级陆地观测卫星（ALOS），对地球陆地生态系统的碳监测具有重要作用。它是日本国家空间发展局（NASDA）继1992年2月发射的地球资源卫星1号（JER 1）和1996年8月发射的改进型地球观测卫星（ADEOS）之后的又一颗陆地观测卫星。它采用了更加先进的陆地观测技术，旨在获得全球更加灵活、更高分辨率的对地观测数据，主要应用目标为测绘、区域环境观测、灾害监测、资源调查、技术发展等领域。ALOS 卫星载有三个传感器：全色遥感立体测绘仪(PRISM)，主要用于数字高程测绘；先进可见光与近红外辐射计-2(AVNIR-2)，用于精确陆地观测；相控阵型 L 波段合成孔径雷达(PALSAR)，用于全天时全天候陆地观测，实现每 46 天观测地球全域。ALOS 卫星采用高速大容量数据处理技术与卫星精确定位和姿态控制技术。为此，针对新型遥感数据源 ALOS 数据开展研究，为未来土地调查、监测和管理领域中决策数据应用提供科学依据。ALOS 及其对 REDD 碳贸易已初步显示其促进作用。

ESA 正在积极准备 2015 年发射"生命卫星计划"，用于大气碳与陆地植被生物量碳监测卫星。欧洲的 A-SCOPE 计划 2015 年发射，长程差分吸收激光雷达(integrated path differential absorption lidar，IPDA)1.57μm 激光，接收地表回波；轨道高度 400km，平台速度预计 7km/s，激光脉冲 50Hz 双脉冲，时间间隔 250μs。其机载实验对德国巴伐利亚国家森林公园的植被碳进行有效遥感计量，取得了很好良好效果。

印度比较注重发展遥感卫星的应用。印度建有一个国家自然资源管理系统(NNRMS)，综合管理遥感卫星数据的应用，通过全印度 23 个州遥感中心和 5 个区域的遥感中心，以及众多的科研和应用部门广泛开展遥感卫星应用活动。例如，每年两次用遥感卫星数据对森林资源进行全面调查，这些应用都取得了较好的效果。印度正在计划 2017 年发射针对 REDD 方面的碳汇监测卫星。

# 参考文献

[1] Bhaskaran S, Paramananda S, et al. Per-pixel and object-oriented classification methods for mapping urban features using Ikonos satellite data. Applied Geography, 2010, 30(4): 650-665.

[2] Cao L, Cova T J, et al. Using MODIS satellite imagery to predict hantavirus risk. Global Ecology and Biogeography, 2011, 20(4): 620-629.

[3] Chen G, Hay G J. An airborne lidar sampling strategy to model forest canopy height from Quickbird imagery and GEOBIA. Remote Sensing of Environment, 2011, 115(6): 1532-1542.

[4] Chuanqing W, Qiao W, et al. Remote sensing application system for water environments developed for Environment Satellite 1. Science China(Earth Sciences), 2010, (S1): 45-50.

[5] Clarisse L, Clerbaux C, et al. Global ammonia distribution derived from infrared satellite observations. Nature Geoscience, 2009, 2(7): 479-483.

[6] Gao M, Li X, et al. Spatial prediction and analysis of Himalayan marmot plague natural epidemic foci in China based on HJ-1 satellite data. Science China(Earth Sciences), 2010, (S1): 8-15.

[7] Gorokhova I N. Application of High Resolution Satellite Observations to Monitor Urban Ecosystems. Eurasian Soil Science, 2011, 44(2): 227-236.

[8] Guo Z, Chi H, et al. Estimating forest aboveground biomass using HJ-1 Satellite CCD and ICESat GLAS waveform data. Science China(Earth Sciences), 2010, (S1): 16-25.

[9] Hoff R, Zhang H, et al. Applications of the Three-Dimensional Air Quality System to Western US

Air Quality: IDEA, Smog Blog, Smog Stories, AirQuest, and the Remote Sensing Information Gateway. Journal of the Air & Waste Management Association,2009,59(8): 980－989.

[10] Katpatal Y B, Rao B V S R. Urban Spatial Decision Support System for Municipal Solid Waste Management of Nagpur Urban Area Using High－Resolution Satellite Data and Geographic Information System. Journal of Urban Planning and Development－Asce,2011,137(1): 65－76.

[11] Kavzoglu T, Colkesen I. Assessment of Environmental Change and Land Degradation Using Time Series of Remote Sensing Images. Fresenius Environmental Bulletin,2011,20(1A): 274－281.

[12] Krueger A J, Krotkov N A, et al. Applications of Satellite－Based Sulfur Dioxide Monitoring. Ieee Journal of Selected Topics in Applied Earth Observations and Remote Sensing,2009,2(4): 293－298.

[13] Langmann B, Duncan B, et al. Vegetation fire emissions and their impact on air pollution and climate. Atmospheric Environment,2009,43(1): 107－116.

[14] Li G, Cao C. Development of environmental monitoring satellite systems in China. Science China (Earth Sciences),2010,(S1): 1－7.

[15] Nezlin N P, DiGiacomo P M, et al. Stormwater plume detection by MODIS imagery in the southern California coastal ocean. Estuarine Coastal and Shelf Science,2008,80(1): 141－152.

[16] Plainiotis S, Pericleous K A, et al. Application of Lagrangian particle dispersion models to air quality assessment in the Trans－Manche region of Nord－Pas－de－Calais (France) and Kent (Great Britain). International Journal of Environment and Pollution,2010,40(1－3): 160－174.

[17] Sasai T, Saigusa N, et al. Satellite-driven estimation of terrestrial carbon flux over Far East Asia with 1－km grid resolution. Remote Sensing of Environment,2011,115(7): 1758－1771.

[18] Shaban A. Use of satellite images to identify marine pollution along the Lebanese coast. Environmental Forensics,2008,9(2－3): 205－214.

[19] Sharma A R, Kharol S K, et al. Variation in atmospheric aerosol properties over a tropical urban region associated with biomass-burning episodes-a study using satellite data and ground-based measurements. International Journal of Remote Sensing,2011,32(7): 1945－1960.

[20] Soundranayagam J P, Sivasubramanian P, et al. An analysis of land use pattern in the industrial development city using high resolution satellite imagery. Journal of Geographical Sciences,2011,21(1): 79－88.

[21] Yang J, Gong P, et al. Detection of the urban heat island in Beijing using HJ－1B satellite imagery. Science China(Earth Sciences),2010,(S1): 67－73.

[22] 王桥，吴传庆，等．环境一号卫星及其在环境监测中的应用．遥感学报,2010,(1): 104－121.

[23] 李德仁，陈晓玲，等．空间信息技术用于汶川地震救灾．遥感学报,2008,(6): 841－851.

[24] 邵芸，郭华东，等．奥运主场馆区工程环境高分辨率遥感监测与虚拟仿真研究．遥感学报,2008,(4): 593－602.

[25] 范学花，陈洪滨，等．POLDER－2/PARASOL 卫星气溶胶业务产品在北京地区的验证分析(英文). 遥感学报,2009,(1): 137－144.

[26] 刘亚岚，任玉环，等．北京1号小卫星监测非正规垃圾场的应用研究．遥感学报,2009,(2): 320－326.

[27] 张继贤，刘正军，等．汶川大地震灾情综合地理信息遥感监测与信息服务系统．遥感学报,2008,(6): 871－876.

撰稿人：谢　锋　杨一德

# 空间科学战略性先导科技专项进展

## 一、引　言

空间科学是以航天器为主要平台，研究发生在日地空间、行星际空间乃至整个宇宙空间的物理、天文、化学以及生命等自然现象及其规律的科学。

爱因斯坦指出："未来科学的发展无非是继续向宏观世界和微观世界进军"。空间科学开展宇宙、生命的起源与演化和基本物理规律的探索，占据自然科学的宏观和微观两大前沿，是蕴含重大科学突破的前沿科学领域。当代科学发展的历史已充分证明了大量的科学突破和发现来自于对宇宙和太空的探索。20 世纪 90 年代以来，借助哈勃太空望远镜，人类发现了大量的未知天体，将人类的视界延伸到了 140 亿光年的距离，几乎达到了宇宙自身自大爆炸以来膨胀的尺度，并使宇宙学研究尺度到了精确研究的阶段。特别是 2003 年以来威尔金森微波各向异性探测器（WMAP）对宇宙微波背景辐射的精确测量以及斯隆数字巡天（SDSS）对大尺度结构和超新星的观测等研究成果，更坚实有力地支持了以暗物质和暗能量为主导的暴涨宇宙模型。正是因为这些观测和研究，2002 年、2006 年诺贝尔物理学奖分别授予成功探测到中微子、发现宇宙 X 射线源和发现宇宙微波背景辐射的黑体形式与各向异性的四位空间科学领域科学家，以表彰他们在增进人类对宇宙的了解和认识方面所作出的突出贡献。

空间科学不仅是探索太空奥秘、拓展认识能力、推进人类文明进步的重要学科，也是促进航天技术创新、服务国家安全与经济发展、实现和平利用太空、提升大国地位的战略制高点。

空间科学对航天技术具有直接的牵引和带动作用，每一项空间科学任务都是非重复性的，要实现空间科学任务目标就必须进行新的设计和技术创新，空间科学任务在特殊轨道设计、探测器姿态稳定度、平台与载荷一体化设计、遥感科学等方面不断对航天技术提出新的需求，一项空间科学任务的实施能够催生一批新的航天技术，因此空间科学发展对航天技术具有全面的、显著的牵引和带动作用。空间科学致力于发现和验证新的空间现象和规律，如研究太阳系与人类的关系等重大应用科学问题，将增强人类对太阳和日地系统及其变化规律的科学认识，提高人类应对自然灾害、维持与自然和谐共存的能力，为人类社会的长期可持续发展提供保障和支撑；同时空间科学所发现的新知识、新规律将为空间应用提供源源不断的动力，极大拓展空间应用的范围，服务国家安全与经济社会发展。科学无国界，空间科学因其和平、开放、共享性质和贡献新的发现与科学知识，故也是我国和平利用空间的重要窗口和体现大国责任、树立国际形象的重要舞台。2010 年，国际宇航科学院授予我国双星计划和欧空局星簇计划合作团队"杰出团队成就奖"，以表彰我国在空间科学领域所作出的突出贡献，这是我国首次获得的航天领域国际重大科技奖项，凸显了我国为和平利用空间所作出的贡献和努力，极大提高了我国的国际地位和影响力。

我国自发射第一颗人造卫星以来，航天技术已有很大发展，加速发展空间科学的基本技术条件已经具备。我国的空间科学家长期使用国外科学卫星探测数据，已经建立了初步的研究队伍和力量。但是由于缺少自主的科学卫星计划和第一手的探测数据，科学家原创性的科学发现还比较少，原创性的科学思想也不能快速、直接得到验证。空间科学卫星计划对空间技术发展的独特的牵动和引领作用也没有充分发挥出来。实施空间科学战略性先导科技专项（简称空间科学先导专项），将促进我国空间科学跨越发展，可以尽快弥补我国在前沿基础科学发现和具有潜在应用意义的空间知识创新方面与国外的差距，同时也为我国航天技术的发展注入新的活力。

## 二、空间科学战略性先导科技专项的研究内容

空间科学先导专项是2011年1月中国科学院第一批启动的战略性先导科技专项之一。为保证我国空间科学的可持续发展，空间科学先导专项的研究内容覆盖了从科学思想的提出直到获取科学成果的全过程，将开展空间科学发展战略规划的研究、创新概念研究和相关探测技术预先研究、空间科学卫星关键技术研究、空间科学卫星的研制、发射和运行，以及科学卫星上天后的科学数据应用，构成空间科学任务从孵育、前期准备、技术攻关到工程研制、成果产出的完整链条。

“十二五”期间，空间科学先导专项将重点针对黑洞的性质及极端条件下物理规律、暗物质的性质、空间环境下的物质运动规律和生命活动规律、太阳爆发等太阳活动对地球空间环境的影响和检验量子力学完备性等方面开展研究，通过自主和国际合作科学卫星计划，实现科学上的重大创新突破，带动相关高技术的跨越式发展，发挥空间科学在国家发展中的重要战略作用；同时遴选“十三五”拟发射的空间科学卫星项目，突破关键技术，使其具备工程立项条件；制定空间科学中长期发展规划，提出新的空间科学卫星任务概念，在影响空间科学可持续发展的关键核心技术方面取得突破。

“十二五”期间，空间科学先导专项将部署以下七个研究项目：

1. 硬X射线调制望远镜（HXMT）

研究黑洞的性质及极端条件下的物理规律，开展宽波段X射线（1～250 keV）巡天观测，发现大批被尘埃遮挡的超大质量黑洞和未知高能天体，研究宇宙硬X射线背景辐射的性质；对重要天体进行宽波段、高灵敏度的定点观测，测量其时变和能谱特性，研究致密天体和黑洞强引力场中动力学和高能辐射过程。见图1。

2.“实践十号”（SJ－10）

利用我国成熟的返回式卫星技术，紧密围绕国家科技战略目标，结合国家重大需求，促进地面生物工程、新材料等高技术发展和基础物理、生命科学等基础研究取得突破，推动我国空间微重力科学和空间生命科学发展。SJ－10空间科学实验着重研究空间环境下的物质运动规律与生命活动规律，开展微重力流体热质输运、分散体系、生物的空间适应及变异和基因表达等空间实验和研究，获取具有国际先进水平的、具有自主知识产权的创新性重大科技成果；开展微重力条件下物质燃烧、空间流体管理、太空生态、宇航员健康

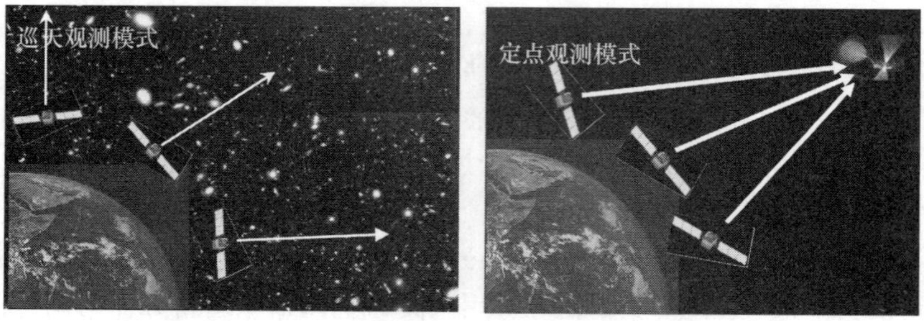


图 1　硬 X 射线调制望远镜(HXMT)观测模式示意图

等方面的研究，探索原油组分分布预测、新材料制备、生物新品种培育等机理，改善地面高新技术。见图 2。

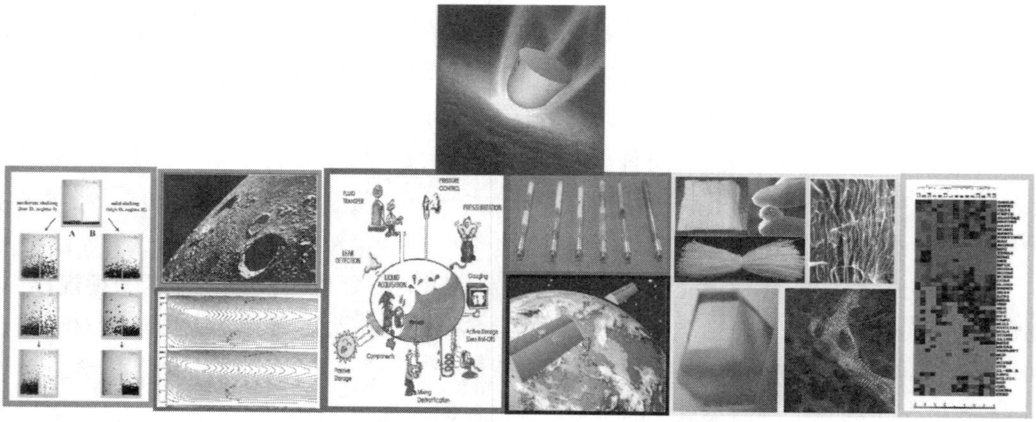

图 2　“实践十号”(SJ－10)返回式卫星及其开展科学实验示意图

### 3. 量子科学试验卫星

在高精度的捕获和跟瞄系统基础上，进行卫星与地面之间量子密钥分发，实现卫星与地面之间量子保密通信试验；在地面建立两个局域的光纤量子通信网络，通过卫星中转组建广域量子通信网络；在卫星与地面之间进行双向纠缠分发，检验量子力学的非局域性；利用地面多体纠缠光源，探索地面站与卫星之间远距离量子隐形传态的可行性。见图 3。

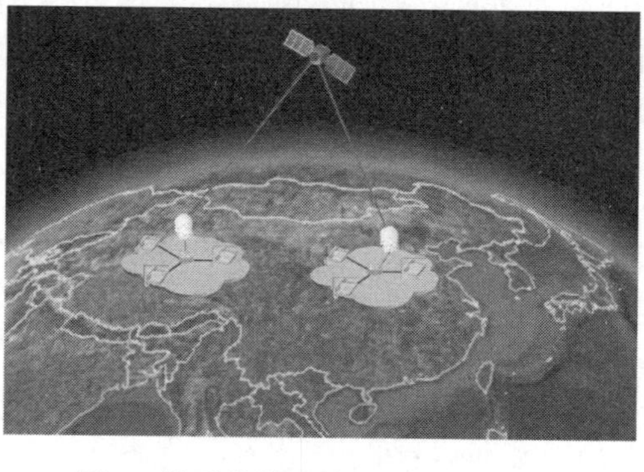

图 3　量子科学试验卫星工作示意图

4. 暗物质粒子探测卫星

寻找暗物质湮灭的证据，通过高分辨测量高能电子和伽玛射线的能量和方向，确认暗物质粒子存在的证据并研究其物理特性，包括暗物质的质量及其在空间的分布；通过测量TeV以上的高能电子能谱，研究宇宙线起源；通过测量宇宙线重离子能谱，研究宇宙线传播和加速机制。见图4。

图4 暗物质粒子探测卫星模拟图

5. “夸父”计划(KUAFU)

研究太阳活动事件对地球空间环境的影响，利用自行研制的“夸父”A星(KUAFU-A)与加拿大的两颗极轨卫星，通过国际合作形成对日地关系连锁变化的连续观测系统——“夸父”计划(KUAFU)，探索日地空间系统物质和能量的传输与耦合过程，预期在日地系统的能量及扰动的耦合机制方面实现重大突破。见图5。

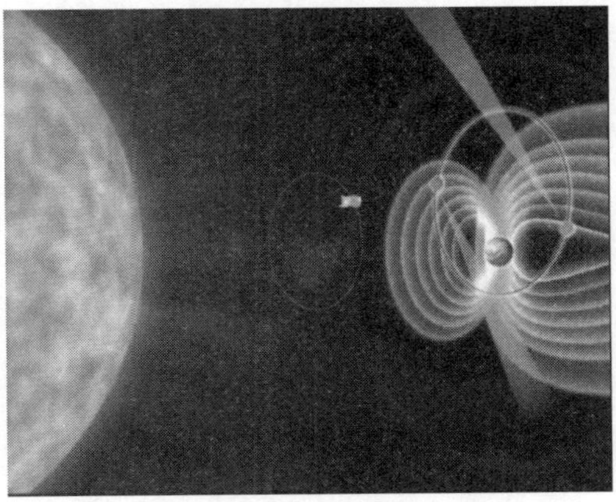

图5 夸父计划(KUAFU)运行模拟图

6. 空间科学卫星的背景型号研究

根据战略规划和发展路线图，通过科学论证，遴选科学卫星项目进行背景型号研究，开展科学目标凝练、探测方案优化和关键技术攻关，为“十三五”科学卫星的工程研制、发射和获得科学成果做准备。

7. 空间科学预先研究

通过部署项目集群的方式，对未来的空间科学卫星计划和必需的关键技术进行先期研究，开展空间科学发展战略研究、创新性卫星任务概念研究、前瞻技术预研和关键技术攻关、地面验证与标定，对部分地面无法验证的有效载荷开展短时飞行试验验证，以全面推动空间科学领域的创新性研究、前瞻技术预研和关键技术攻关，为我国空间科学的长期可持续发展奠定科学与技术基础，发挥空间科学在基础科学领域前沿研究和航天高技术领域的火车头作用。

通过空间科学专项任务的实施，可望在恒星与星系的起源和演化、暗物质的性质、空间环境下的物质运动规律和生命活动规律、太阳爆发等太阳活动对地球空间环境的影响和检验量子力学完备性等方面取得重大科学发现或突破，深化人类对宇宙和自然规律的认识。同时为“十三五”乃至更长时间段空间科学的发展做好技术准备、奠定发展基础。与此同时，通过空间科学先导专项还将培养一支有国际水平的科学研究队伍和先进探测仪器的研制队伍，建立起我国空间科学及卫星工程项目的技术支撑和管理体系，建设成支撑我国空间科学发展的国家级高水平空间科学中心，为空间科学今后的持续发展奠定坚实的基础。

## 参考文献

吴季. 空间科学战略性先导科技专项组织实施方案[R]. 北京：中国科学院，2011.

撰稿人：孙丽琳

# ABSTRACTS IN ENGLISH

# Comprehensive Report

## Advances in Space Science

With the growth of space activities, new progress has been continually made in space science worldwide. Space astronomical observations have revolutionized our knowledge of the universe, which propels the evolution of cosmology from thinking to the era of exact science. Mankind has been able to take the solar system as an integrated system to realize multi - star joint detection and hence gain series of new achievements. Recently, in - depth explorations on solar celestial bodies such as Moon, Mars, Europe, Titan, etc. have been conducted. In microgravity science, various experiments have been carried out on the International Space Station (SSI); Meanwhile, European countries and the United States, Japan, etc. are also active in conducting experiments by use of the microgravity rocket, weightless aircraft and falling Tower.

Great progress has also been made in China's space science. In space astronomy, a number of novel studies of great significance were carried out. Particularly, significant achievements were gained in space physics, which have been awarded with several national and international prizes successively. The Meridian Project, a ground - based meridian chain to monitor the solar - terrestrial space environments in the eastern hemisphere, has started in operation. As for the new achievements in lunar exploration, Chang'E - 1 precisely impacted on the Moon surface within supposed region near Mare Fecunditatis and accomplished all its scientific goals, and now China's lunar exploration program has stepped into the stage of landing. Progress was also made in both space life science and space medicine, among which leaping developments were realized for manned spaceflight. The mission of manned space flight of Shenzhou - 5, Shenzhou - 6 and Shenzhou - 7 were sequentially finished, and the goal of the Shenzhou - 7 extravehicular activity was realized; By laying special emphasis on the space flight samples for analysis, the influence of space environment effects on mankind and its mechanism were elaborated; Since head down bed rest experiments is an effective means to study the physiology effects of weightlessness on ground, the integrated protection study of a large scale comprehensive experiment—the 60 day head - down bed rest experiment and the physiology of weightlessness effect, was firstly organized in China, cooperated with France Space Agency and Chinese University of Hong Kong, etc. And the extensive research on Chinese herbal medicine against the physiological effects of weightlessness is also conducted.

In the next few years, the tendency and prospect of China's space science development are summarized as follows: (1) To strengthen the study on X - ray time - varying characteristics, X - ray polarization observation and dark matter detection in the scope of space astronomy. (2) In space physics, to meet the requirement of national strategy, it is scheduled to carry out Kuafu Project during 2012—2015, to carry out the Magnetosphere - Ionosphere - Thermosphere (MIT) Coupling Exploration Program during 2018—2020 and to implement the Meridian Project Ⅱ around the same time. (3) In lunar science and comparative planetary science, the lunar exploration should be stressed to urge on the implementation of China's Lunar Exploration Program Ⅱ and Ⅲ. The international scientific issues and developmental tendency in deep space exploration should be investigated. Meanwhile, research and demonstration on the manned lunar landing should be intensified. (4) The research on space life science would be guided to turn into based astrobiology for extraterrestrial life science exploration. By 2015, the two space laboratories of Tiangong - 2 and Tiangong - 3 should be launched gradually. The space experiments of space medicine would be well combined with the ground research, which can pave the way for man to explore space targets further away ultimately. (5) Taking the advantage of space microgravity environment to acquire new knowledge in the frontier of physics, chemistry and life science, hence to promote the developments of new ground - based subject; to carry out the theoretic research on micro - gravity fluid physics and combustion as well as the frontier significant research in the domain of space fundamental physics like laser cooling of atoms and equivalence principle, etc.

Written by Li Xixian

# Reports on Special Topics

## Advances in Space Astronomy

Space astronomy is a branch of astronomy whose observations are carried out on the top or beyond earth's atmosphere. It covers the whole electromagnetic wave band from radio to gamma-rays. In the new millenium, a series of major achievements have been made in this field. Using the Hubble Space Telescope and the Wilkinson Microwave Anisotropy Probe, it is found that the Universe has an age of 13.7±0.2 billion years, and it is composed with 4.64±0.1% of ordinary baryonic matter, 23.3±1.3% of dark matter, and 72.1±1.5% of dark energy. Spitzer Space Telescope obtained the first infrared spectra of an extra-solar planet (HD189733b), showing that it has violent global atmospheric movement, just like Jupitor in our solar system. Following up spectroscopic observations on the ground revealed that the atmosphere of HD 189733b is composed of Water, methane, carbon dioxide, and carbon monoxide etc. Observations with the Chandra X-ray Observatory show that young pulsars release most of their spin-down power via relativistic particle winds in the toroidal and polar directions. The Crab nebula has been used as a stable calibration source in high energy astronomy for many years. However, strong gamma-ray flares with flux increase up to 20 times from the Crab nebula were discovered by the Fermi Gamma-ray Space Telescope and Italian satellite AGILE, and the mechanism of the flaring remains unknown. The "bullet" cluster 1E0657 - 56 is the product of two newly merged clusters of galaxies. Observations with the Chandra X-ray Observatory and the Hubble Space Telescope show that the two clumps of hot gas that represent most of the baryonic matter in 1E0657 - 56 are obviously offset from the distribution of the overall mass. This is direct evidence that the mass in a cluster of galaxy is dominated by dark matter. In addition, the separation between the two overall mass clumps are much larger that between the two hot gas clumps, implying that interaction between the dark matter and the surrounding is much weaker and so less decelerated in the collision of the two clusters.

The instruments of space astronomy were simple in the early years, but they have evolved into complex observatories with superb performance now, as represented by the Hubble Space Telescope and the Chandra X-ray Observatory. In the following a few years, 2 to 3 astronomical satellites will be launched every year, and half of them will work in the high energy band. However, as the planned successors of the Hubble Space Telescope and the Chandra X-ray Observatory respectively, the James – Webb Space Telescope and the International X-ray Observatory meet serious financial and technical difficulties. The astronomical satellites in the near future therefore need to be more specific and with more distinct characteristics.

After years of preparation, several Chinese space astronomical projects enter the engineering construction phase. The Gamma – Ray burst polarization experiment POLAR that will be on board China's space lab TG – 2 entered Phase – B in late 2010, and will be launched in 2014. The Hard X-ray Modulation Telescope was officially approved in March 2011, with a scheduled launch in the second half of 2014. The dark matter detection satellite was also approved in 2011 and will be launched in 2015. On the basis of these on-going projects and the previous technical preparations, we suggest to select X-ray timing and polarization, sensitive dark matter search, and space very long baseline interference millimeter (VLBI) as the main topics with high priority for the future development of space astronomy in China.

Written by Lu Fangjun, Ma Yuqian

## Advances in Space Physics

Space physics is a fast-growing cross-discipline science with the advance of satellite technology since 1957. It treats the heliosphere as an integrated system, studying the interaction between the Sun, solar wind and the planets' upper atmosphere, ionosphere, magnetosphere, high energy particles, and the local interstellar medium. The main objective of space physics exploration and research is to investigate the fundamental physical processes and laws within the solar system.

This report gives a brief summary of the current status and future direction of the space physics exploration and research, and introduces especially the current status and recent progress of space physics in China. In the final prospect part, we further introduce the development directions, priority areas, development strategic plan, and the roadmap of Chinese space physics.

During the past "Eleventh Five - Year Plan", on the basis of the achieved significant fruits by Double Star Program, we have carried out the concept study of KuaFu Project, improved the Chinese space exploration program for space physics and space weather. Furthermore, the construction of Meridian Project has been finished, which established the foundation for fast development of our ground-based space physics exploration. In terms of space physics research, outstanding achievements have been made in following fields: the solar wind origin, heating and acceleration of solar wind, propagation of interplanetary disturbances, interaction between the solar wind and magnetosphere, magnetic reconnection, exploration and research for dynamic processes in the middle and upper atmosphere, ionospheric modeling, geomagnetic and ionospheric forecasting methods, optical observations in polar regions and universal space plasma processes, etc.

In the next 10 years, a preliminary integrated space-borne and ground-based space environment monitoring system will be built; the solar-terrestrial study will be enhanced to make breakthroughs; a digital near - Earth provisioning platform will be constructed; elite teams for both basic research and application will be formed; new-generation international collaborations will be encouraged.

Written by Wang Chi

## Advances in Lunar Science and Comparative Planetary Science

Lunar science and comparative planetary science is a subject which involved solar system objects' topography, morphology, geology, composition, origin and evolution. As part of space science, it plays an important role in the development of space science and exploration. The advance of lunar science and comparative planetary science not only relay on the scientific results of meteorite, but also depends on the development of space exploration.

After 50 years' effort, our country has made great progress in the area of lunar and planetary science. With 19 and 22 times successful Antarctic scientific expedition, we have collected nearly 10,000 meteorite samples. Because of this, our country rapidly become one of the countries owned the largest meteorites (only less than Japan and United States). Classification and naming of meteorites is smoothly progressing, which provide favorable material basics for development of lunar science and comparative planetary science. Besides, with the growth and development of satellites technology and manned space exploration industry, our country has made great achievements in the Earth and near - Earth space exploration. In particular, with the implementation of Chang - E program and Sino - Russian Joint Mars exploration program, our country has made a substantial step in deep space exploration.

Key words: Lunar science and comparative planetary science; Aerolithology; Deep space exploration

Written by Liu Jianzhong

## Advances in Space Life Sciences

In the first 50 years of the space age since 1958 have led to an explosion of scientific and engineering knowledge and practical applications of space technology. Our understanding of every aspect of the cosmos has been profoundly altered, and in the view of many, we stand once again at the brink of a new aera.. What will the next 50 years bring? Mutual dependencies are much more pervasive and important than ever before. In space will be a key component of potential solutions to 21st-century challenges. There into the projects of original life and exploration for extraterrestrial life will not only be the scientific program today, but also is the strategic plan in future.

Recent years, there are a lots of new important discover and achievements in the international space life research field. In 2009 there are many scientists of NASA, ESA successively find water or underground ocean present in *Moon*, *Mars*, *Europa* and *Titan*. And to discover the methane active in Mars and Titan. NASA The first to launch Kepler space telescope for exploring earth-like planets and the biological phenomenon out solar system on 6$^{th}$ March, 2009. One year later in October 2011 NASA release that a new earth-like planet named as " Kepler - 11g" have been found in a"Kepler - 11 system" . It maybe existing life. The Institute of Biological medical requisition of Russian Academy of Sciences and ESA have cooperated to study on the MARS - 500 days using Bio-regenerative Life Support System(BLSS). And another Mars - 520 simulate project with more cosmonauts are carrying out from April 2010 to August 2011. This new and important achievement will inspirit scientists working on space life research area to aim at targets for lunch Moon and explore Mars, and extraterrestrial life exploration. Study on the brink projects about the base Astrobiology and human health and safety in space exploration.

The *Space Science & Technology in China: A roadmap to* 2050 and *The middle. and long term developing plan of national space sciences constituted by* CAS have been published in 2009, it will guide to be changing the space life sciences from the original satellite application for space revulsive breeding into based on astrobiology for extraterrestrial life exploration in China. In July 2011, the National space science center of China was set up, It will be base on national demand to propose the strategic and outcomes on space life sciences. It is undoubted, there are many forerunner and innovation space life projects will be startup and promote space sciences and technique persistence developing in China.

Written by Liu Zhiheng, Cang Huaixing, Ding Bai, Li Yinghui

## Advances in Space Medicine

Space Medicine is a special subject to be rising with the development of manned spaceflight. In China, Space Medicine has achieved great development during the past two years. In this paper, the basic research of Space Medicine and its application in China during 2008～2010 were briefly introduced.

Written by Ding Bai

## Advances in Micro - Gravity Science

The paper presents the recent progress of the research activities in the field of microgravity sciences, such as space material sciences, microgravity fluid physics and combustion, biotechnology research and fundamental physics in China and in the world. The major programs of microgravity research and experimental projects of ESA, NASA, RUSSIA and JAXA for the mission of International Space Station are presented summarily. The further programs of the microgravity researches in China are being planned according to the Chinese space mission onboard the Chinese recoverable satellites, the Chinese manned spaceship "Shan - Zhou" and future Chinese Space Station are introduced in brief. More contributions of the microgravity research including space experiments, especially in the space mission of the second stage of Chinese Manned Spaceflight and the Chinese Space Station will be given by Chinese scientists in the future.

Written by Liu Qiusheng, Pan Mingxiang, Zhang Yuanzhong, Luo Jun, Kong Wenjun, Feng Meifu

# Advances in Remote Sensing

Remote sensing is the technology of observing the Earth from space. A weather image on the evening news is a familiar example. As the population of our planet increases, it becomes vital that we better understand the physical processes that govern our climate and weather. In this pursuit, Remote Sensing Systems provides research-quality geophysical products from satellite data for studying climate variability and weather systems. These data products are revealing many secrets of our wondrous planet, Earth.

In this research paper, we present an overview of the advances about remote sensing in recent years. The overview is based on an extensive literature review where both remote sensing system and remote sensing application are discussed. Subsequently, the prevailing techniques of precise observing for greenhouse gases, synergetic observing for catastrophes and assimilating remote sensing data into various models are outlined, which reflect the future tendency of remote sensor system and its applications.

Understanding global climate change and developing strategies for sustainable use of our environmental resources are major scientific and political challenges. $CO_2$, $CH_4$, and $N_2O$ are recognized as the most important greenhouse gases, the concentrations of which increase rapidly through human activities. The Greenhouse Gases Observing Satellite monitors carbon dioxide and methane globally from space using two instruments. The Thermal and Near Infrared Sensor for Carbon Observation Fourier - Transform Spectrometerdetects gas absorption spectra of the solar short wave infrared reflected on the Earth's surface as well as of the thermal infrared radiated from the ground and the atmosphere. TANSO - FTS is capable of detecting three narrow bands (0.76, 1.6, and 2.0 $\mu$m) and a wide band (5.5 - 14.3 $\mu$m) with 0.2 $cm^{-1}$ spectral resolution. The TANSO Cloud and Aerosol Imager is an ultraviolet, visible, near infrared, and SWIR radiometer designed to detect cloud and aerosol interference and to provide the data for their correction. GOSAT is placed in a sun-synchronous orbit 666 km at 13:00 local time, with an inclination angle of 98°. Space-borne integrated path differential absorption lidar allows global observations at day and night over land and water surfaces in all climates. Scientists investigate potential sources of measurement errors and compare with the requirements. Their simulations reveal that moderate-size instruments in terms of telescope aperture (0. 5 – 1. 5 m) and laser average power (0. 4 – 4 W) potentially have a low random error of the greenhouse gas column which is 0. 2% for $CO_2$ and 0. 4% for $CH_4$ for soundings at 1. 6 $\mu$m, 0. 4% for $CO_2$ at 2. 1 $\mu$m, 0. 6% for $CH_4$ at 2. 3 $\mu$m, and 0. 3% for $N_2O$ at 3. 9 $\mu$m. The wavelength selection in the vicinity of the absorption line is critical as it controls the height region of highest sensitivity, the temperature cross-sensitivity, and the demands on frequency stability. For $CO_2$, an error budget of 0. 08% is derived from our analysis of the sources of systematic errors. Among them, the frequency stability of ±0. 3 MHz for the laser transmitter and spectral purity of 99. 9% in conjunction with a narrow-band spectral filter of 1 GHz are identified to be challenging instrument requirements for a direct detection $CO_2$ system operating at 1. 6 $\mu$m.

The global aboveground biomass is one of the most important parameters of the carbon cycle. The Friedrich – Schiller University Jena and the Jena Optronik GmbH proposed the national Earth observation mission Carbon – 3D of the German Aerospace Center (DLR). The data products of this mission were simultaneous acquisition of multiangle optical with Light Detection and Ranging (LIDAR) observations is unprecedented. The optical imager extrapolates the laser-retrieved height profiles to biophysical vegetation maps, which were for the first time accurately estimates aboveground biomass globally. This mission could reduce uncertainties about net effects of deforestation and forest regrowth on atmospheric $CO_2$ concentrations and would provide key biophysical information for biosphere models.

Satellite remote sensing is providing a systematic, synoptic framework for advancing scientific knowledge of the Earth as a complex system of geophysical phenomena that, directly and through interacting processes, often lead to natural hazards. Remotely sensed data play an integral role in reconstructing the recent history of the land surface and in predicting hazards due to flood and landslide events. Satellite data are addressing diverse observational requirements that are imposed by the need for surface, subsurface and hydrologic characterization, including the delineation of flood and landslide zones for risk assessments. The continued development and application of a broad spectrum of satellite remote sensing systems and attendant data management infrastructure will contribute needed baseline and time series data, as part of an integrated global observation strategy that includes airborne and in situ measurements of the solid Earth. Geospatial information products derived from remote sensing data increasingly will address the operational requirements of decision support systems used by policy makers, emergency managers and responders from international and national to regional, state and local jurisdictions. Multi-hazard modeling capabilities, could lead to more accurate forecasting and visualizations for improving the decision support tools and systems used by the disaster management community. This forms the basis for comprehensive risk assessments and better-informed mitigation planning, disaster assessment and response prioritization. Improved and integrated measurements along with numerical modeling are enabling a greater understanding of where and when a particular hazard event is most likely to occur and result in significant socioeconomic impact.

Applications of data assimilation have being arising in many fields of geosciences, perhaps most importantly in weather forecasting and hydrology. Data assimilation proceeded by analysis cycles. In each analysis cycle, remote sensing observations of the current state of a system are combined with the results from a numerical weather prediction model to produce an analysis, which is considered as the best estimate of the current state of the system. Using data assimilation strategies, it has been demonstrated that by minimizing a cost function, a solution utilizing imperfect models and remote sensing observation data including observation errors is feasible.

Some scientists developed a versatile data assimilation scheme for remote sensing snow cover products and meteorological data, which aimed at operational use for short-term runoff forecasting. Accurate forecasting of snow properties is important for effective water resources management, especially in mountainous areas. Spatial and temporal homogenisation of the various input data sets was carried out, including meteorological point measurements from stations, numerical weather predictions, and snow maps from satellites. The meteorological data were downscaled to match the scale of the snow products, derived from optical satellite images of MODIS and from radar images of Envisat ASAR. Snow maps from SAR and optical imagery revealed systematic differences which need to be compensated for use in snowmelt models. They applied a semi-distributed model to demonstrate the use of satellite snow cover data for short-term runoff forecasting. Because satellite images were obtained intermittently, prognostic equations were applied to predict the daily snow cover extent for model update. Meteorological forecasts are the main error source for runoff prediction. Evaluation of the runoff forecasts reveals good agreement with the measurements, confirming the usefulness of the selected data processing and assimilation scheme for operational use.

During the last years, the management of agroecosystems has been undergoing major changes to meet the growing demand for food, timber, fibre and fuel. As a result of this intensified use, the ecological status of many agroecosystems has been severely deteriorated. Modeling the behavior of agroecosystems is, therefore, of great help since it allows the definition of management strategies that maximize (crop) production while minimizing the environmental impacts. Remote sensing can support such modeling by offering information on the spatial and temporal variation of important canopy state variables which would be very difficult to obtain otherwise. The increasing complexity of data assimilation methods and of models describing agroecosystem functioning has significantly increased computational demands. Many valuable techniques have been developed both for the retrieval of canopy state variables from reflective remote sensing data as for assimilating the retrieved variables in agroecosystem models. For agroecosystem modeling and remote sensing data assimilation to be commonly employed on a global operational basis, emphasis were put on bridging the mismatch between data availability and accuracy on one hand, and model and user requirements on the other. The imagery with different spatial, temporal, spectral, and angular resolutions should be integrated. The optical data with data of different origin, such as LIDAR and radar/microwave, should be fusion.

Written by Xie Feng, Yang Yide

## Advances in Space Science Strategic Pioneer Program of CAS

In January 2011, the Chinese Academy of Sciences initiated a series of Strategic Pioneer Programs in Science and Technology, of which Space Science Strategic Pioneer Program is one of the first to take off.

In the "Twelfth Five – Year" period, Space Science Strategic Pioneer Program will focus on black hole properties, physical laws in extreme conditions, properties of dark matter, laws of matter motion and laws of life activities in space environment, and solar influence on the space weather, and verification of completeness of quantum mechanics.

Space Science Strategic Pioneer Program concludes the following 7 projects:

Project 1: Hard X-ray Modulation Telescope (HXMT). HXMT will scan the sky in 1 – 250 keV to detect X-ray sources such as X-ray binary systems and supermassive black holes, and conduct fixed point observations of X-ray emitting objects to measure their temporal and spectral behaviors. HXMT will help scientists understand the origin of cosmic X-ray background, the statistical properties of supermassive black holes, and the physical laws in extreme conditions such as strong gravitational and magnetic fields.

Project 2: Shijian – 10. With developed recoverable satellite technology, SJ – 10 focuses on the behavior of matter and life activities in space, it will carry out experimental research in microgravity on heat and mass transport in fluid, discrete system, bio-space adaptation, mutation and gene expression, etc. , and will obtain major innovative achievement with intellectual property; Besides, it will conduct research on combustion in microgravity, space fluid management, space ecology, and other aspects of astronaut health study, discovering mechanisms regarding forecast of the component distribution of crude oil, fabrication of new materials, cultivation of new biological species, and improving technology on ground.

Project 3: Quantum Science Satellite. Quantum Science Satellite will conduct quantum key distribution for secure communication based on high precision acquiring, tracking and pointing system, establish the optical fiber quantum communication network by means of satellite transfer, conduct two-way quantum entanglement distribution for communications between satellite and ground stations in order to verify quantum mechanics non-locality, and then explore the feasibility of long distance quantum teleportation with multi-photon entanglement light source on ground.

Project 4: Dark Matter Searcher(DMS). DMS, a high energy electron and gamma-ray telescope with energy range from 5GeV to 10 TeV, will investigate dark matter particle from deep space by high resolution observation of gamma-rays and electrons spectra and its space distribution. It will help us study the transport and acceleration of the cosmic ray in the Galaxy by measuring the energy spectra of heavy ions. DMS aims at accurate and precise observation of the electron/gamma ray and the proton/atomic nucleus in a higher energy range. It will deepen our understanding of the universe.

Project 5: Kuafu Project. The legend goes that there is a god named KuaFu who was determined to have a race with the Sun and catch up with it, hereby comes the idiom, KuaFu chasing the Sun, which becomes the trope of man's determination against nature. And, as the name suggests, Kuafu project studies solar influences on the earth space weather. It is a cooperative project with Canadian Space Agency.

Project 6: Study of New Space Science Missions. According to space science strategic plan, this project aims at selecting appropriate new science missions, consolidating their scientific objectives, optimizing the exploration plans and developing key technologies, so as to make good preparation for implementing the mission in the Thirteenth Five - Year Plan.

Project 7: Advanced Research of Space Science Missions and Payloads. This project aims at advanced research on key technologies for future space science satellites through planning a cluster of research subjects, including new concepts of space science missions, key technologies of payloads, ground calibrations as well as short-time flight demonstrations.

Written by Sun Lilin